茶艺与茶文化专业系列教材

茶叶知识与实践

刘 迪 蒋琴杰 刘萍萍 主 编
陈恩海 安丰轩 盛成旺 副主编

旅游教育出版社
· 北 京 ·

数字资源总码

茶艺与茶文化专业系列教材

编委会

茶叶知识与实践

编委会

主　编:

刘　迪　广西职业技术学院

蒋琴杰　广西农业职业技术大学

刘萍萍　广西职业技术学院

副主编:

陈恩海　广西职业技术学院

安丰轩　广西职业技术学院

盛成旺　安徽农业大学

参　编:

黄　菡　广西职业技术学院

彭英传　江西农业大学

韦慧梅　广西职业技术学院

李黄开媚　广西职业技术学院

古能平　广西职业技术学院

周小露　贵州医科大学

覃爱颖　广西职业技术学院

唐　鑫　广西职业技术学院

鲍遵宇　广西职业技术学院

钟　勇　广西职业技术学院

陈彦峰　广东科贸职业学院

何海华　柳城县国营伏虎华侨农场茶厂

赵　阳　中国土产畜产进出口有限责任公司

茶者，南方嘉木也。江南烟雨浸润千年，茶香氤氲间沉淀着中华文明的精魄。在习近平总书记关于“三茶统筹”战略的引领下，在旅游强国与文化强国建设的时代召唤中，中国职业技术教育学会智慧文旅职业教育专业委员会、全国旅游职业教育教学指导委员会景区与休闲类专业委员会携旅游教育出版社、浙江旅游职业学院，广邀全国二十余所院校中的多位茶学专家学者与行业大师，如春茶吐蕊在全国率先出版“茶艺与茶文化专业系列教材”。这既是对传统茶道精神的现代诠释，也是对优秀传统茶文化的有效传承，更是旅游职业教育服务国家战略的生动实践。

茶艺与茶文化，作为“东方生活的美学范式”，承载着中华民族天人合一的哲学智慧，更是满足现代人民对美好生活需要的重要组成。新时代职业教育肩负着培养技术技能人才与文化传承者的双重使命，本系列教材以“一片叶子”为媒介，将茶树相关资源保护、非遗制茶工艺、现代文旅融合等要素熔铸其中，构建起贯通历史与未来、联结农业与文旅的知识体系与能力图谱。作为国家新版职教专业标准颁布后的首批配套教材，我们构建了“三维立体化”的编写体系：纵向贯穿“茶叶种植－精深加工－文化传播－旅游服务”产业链，横向融合农业类与旅游类院校的专业优势，深度嵌入中华茶文化与创新等教学资源库的数字化资源。特别是创新采用模块化、项目化、情境化等课程教学改革设计，每个教学单元不仅遵循案例或任务导入、工作过程或任务解析、技能训练与实践、学习效果检测与拓展等任务驱动的原则，而且包含标准教学视频、虚拟仿真实训或教学微课等新形态元素，从而使得诸如“西湖茶宴的意境营造”与“普洱茶渥堆发酵技术”等专业知识得以在数字空间完美呈现。这种“三维立体化”的教材编写模式，正是专业“五金”

新基建理念的具象化表达。

本系列教材的编写团队秉持“三跨三融”原则——跨地域组建团队、跨领域整合资源、跨时空共享成果，融通标准、融汇技艺、融合文化，这已然成为本套教材的鲜明特色。例如，广西职业技术学院带来六堡茶制作技艺的国家级非遗传承经验，江苏农林职业学院贡献茶叶深加工领域的科研成果，新疆农业职业技术大学注入边疆茶文化传播的鲜活案例等。这种“东茶西引、南北互鉴”的协同机制，打破了传统教材编写的学科壁垒和区域隔阂。在本系列教材中，《茶文化》《茶席设计与茶会组织》《茶空间花艺》《茶树栽培与茶园管护》等将茶园的生态景观、文化主题、多元场景等转化为教学情境，《茶调饮制作》《茶叶审评》用创新时尚理念来引领茶学科严谨厚重的知识传达，凡此种种努力，无不彰显着协同创新的力量。本系列教材还特别设计“四阶递进式”教学模块：从茶叶、茶园认知的“识茶明理”，到加工实训的“制茶悟道”，从茶艺展演的“事茶修心”，到文旅融合的“传茶致远”。每个模块均坚持“岗课赛证”融通的思想理念，既对接评茶员、茶艺师等职业标准，又衔接全国职业技能大赛规程。更值得关注的是，教材创新设置《茶调饮制作》《茶空间花艺》《茶馆经营管理》等文旅生活领域的应用项目，让课堂真正成为文化传承与产业创新、文旅深度融合的耦合点。

本套教材既可作为中高本旅游类相关专业教学用书，也可作为茶艺与茶文化相关从业人员和社会人士借鉴与参考的读本。本套教材共有15本，在教材出版的同时，同步上线智慧职教等智慧教育平台，实现“纸质教材＋移动端资源＋虚拟仿真系统”的全场景覆盖。我们期待，当新疆学子通过AR技术复原宋代点茶技艺，当海南学生借助数字地图溯源茶马古道，这些浸润着江南茶韵却不止于江南的教材，能培育出新时代的“茶文化摆渡人”，让中国茶香飘向世界各地。

作为全国首套“茶艺与茶文化专业系列教材”，汲取了同行许多研究和实践成果，在此一并表示感谢。同时编写中也一定还有诸多不足和遗漏之处，恳请读者批评指正，我们将在今后再版过程中予以完善和修正。

杜兰晓　教授

中国职业技术教育学会智慧文旅职业教育专业委员会　执行主任

浙江旅游职业学院　校长

前言 FOREWORD

茶叶，这一源自古老东方的神奇叶子，承载着深厚的文化底蕴与历史积淀。本教材开篇即追溯了茶叶的种植与管理，为读者勾勒出了一幅茶叶起源与发展的壮丽画卷。在漫长的历史长河中，茶叶逐渐分化出了多种类型，本教材对此进行了详尽的分类介绍。在茶叶的世界里，每一片叶子都蕴含着独特的韵味与故事。本教材详细讲解了茶叶的鉴别技巧，从茶叶的外观形态、色泽、匀净度，到冲泡后的汤色、香气、滋味，每一步都充满了学问。通过观察茶叶的条形、色泽，可以初步判断其品质；而嗅闻茶香，则是品鉴茶叶的重要步骤，不同的茶叶香气各异，有的清新雅致，有的浓郁芬芳；品尝茶味，则是品鉴茶叶的最终环节，甘醇、苦涩、鲜爽等口感，构成了茶叶的丰富味觉体验。在冲泡茶叶方面，本教材提供了详尽的指导，包括茶具的选择、水温的掌握、投茶量的控制等，这些细微的差别，都将直接影响茶叶的口感与香气。此外，本教材还深入探讨了品鉴茶叶的艺术，从闻香、观色、品味到最后的回味，每一步都需要用心去感受，去体会茶叶所带来的愉悦与宁静。通过品鉴茶叶，不仅可以提升个人的品位与修养，还能在繁忙的生活中寻找到一片宁静的港湾。

本教材还展望了茶叶产业的未来发展，随着科技的进步和消费者需求的不断变化，茶叶产业正面临着前所未有的机遇与挑战。从科技创新、品牌建设到市场拓展等方面，茶叶产业正不断寻求新的突破。未来，茶叶将不仅仅是一种饮品，更是一种健康的生活方式，一种文化的传承与创新。通过本教材的学习，读者将能够全面了解茶叶的知识与文化，感受茶叶所带来的独特魅力与价值。

本教材以茶叶为线索，串联起历史、文化、科学等多个领域，旨在为读者提供一个全面而深入的茶叶知识概览，让读者在品味茶香的同时，也能领略到茶叶所蕴含的深厚文化底蕴与独特魅力。

编　者

目录 CONTENTS

项目一

茶树与茶树品种识别

思维导图

项目一　茶树与茶树品种识别

- 任务一　茶树识别
- 任务二　茶树品种识别

学习目标

知识目标：能说出茶树根、茎、叶、花、果实、种子等器官的形态及发育特点；能说出大叶种、中小叶种茶树品种的区别；能说出 10 种以上常见茶树品种的树型、发芽特性及适制性。

技能目标：能正确识别茶树树种。

素养目标：通过讲解茶树起源历程、中国茶对世界的影响培养民族自豪感；培养学习能力、辨别能力、表达能力；培养遵纪守法、爱岗敬业、认真负责、勤奋努力、精益求精、团结合作的职业操守。

任务一　茶树识别

基本知识

一、茶树树型

乔木型茶树植株高大，有明显主干；小乔木型茶树植株较高大，基部主干明显；灌木型茶树植株较矮小，无明显主干。

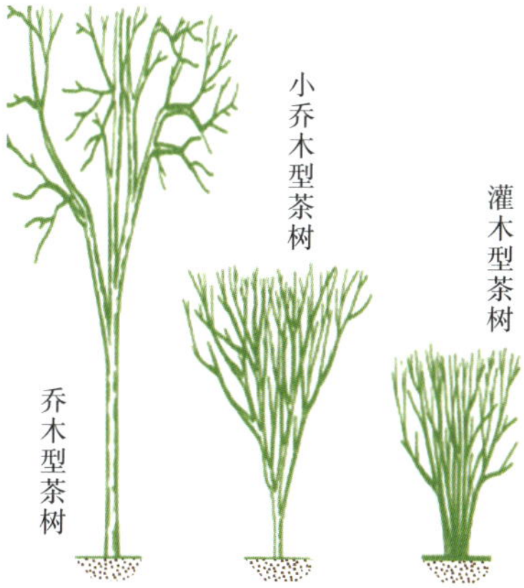

图 1-1-1　茶树树型

根据分枝角度不同，茶树树姿即茶树树冠类型可分为直立状、披张状、半披张状三种类型。分枝角度≤ 30°，为直立状；分枝角度≥ 50°，为披张状；<30° 分枝角度 <50°，半披张状。

二、茶树枝条

（一）茶树枝条分类

主干：由胚轴生育而成，指根茎至第一级侧枝的部位。

侧枝：从主干枝上分生出的枝条。其中一级侧枝与二级侧枝构成骨干枝。

细枝：生产枝，枝冠面上生长营养芽的枝条。

鸡爪枝：树冠表层出现的一些结节密聚而细弱的分枝。

（二）茶树的分枝方式

单轴分枝：顶芽生长占优势，侧芽生长弱于顶芽，主干明显。

合轴分枝：主干的顶芽生长到一定高度后停止生长或生长缓慢，由近顶端的腋芽生长取代顶芽的生长，形成侧枝。新的侧枝生长一段时间后，其顶芽萎缩，又由其旁边的腋芽生长，渐形成多顶性能。依此发展，使树冠呈现开展状态。

三、茶树根系

茶树根系由主根、侧根、吸收根和根毛组成。

主根：是由胚根发育向下生长形成的中轴根，有较强的向地性，可深达 1 ～ 2m。

侧根：是由主根上发生的根。

吸收根：是指侧根前端呈乳白色的根。

根毛：是吸收水分和养料的部位。

主根和侧根的作用主要是固定、贮藏和输导。茶树大部分侧根和吸收根主要分布在耕作层 5 ～ 50cm 的深度，尤以 20 ～ 30cm 最为集中。

四、茶树的叶

茶树的叶片与其他植物叶片相比有以下特征：

（1）叶缘有锯齿而叶基部无锯齿，嫩叶锯齿上有透明的腺细胞，腺细胞随叶片老化而脱落，残留下棕褐色疤痕。

（2）叶脉呈网状，叶面主脉两侧稍有内凹，叶背主脉呈现凸起，由主脉分出的侧脉约伸展至叶缘 2/3 处向上弯曲呈弧形，与上一对侧脉相连合。

（3）叶背密生茸毛。

（4）叶尖略有凹陷。

（5）不完全叶，有叶柄、叶片，无托叶。

五、茶树的生育周期

茶树在自然条件下生长发育的时间为生物学年龄。按照茶树的生育特点和生产实际应用，我们常把茶树划分为五个生物学年龄时期，即种子期、幼苗期、幼年期、成年期、衰老期。

茶树总发育周期

（一）种子期

种子期指从受精的卵细胞（合子）发育形成种子到茶籽萌发前。种子期可分为茶籽发育成熟阶段和茶籽采收后的贮藏阶段两个时期。

（二）幼苗期

幼苗期指从茶籽萌发到茶苗出土，第一次生长休止时为止，或从营养体再生至形成完整植株止，这段时间历时 4 ～ 8 个月。

（1）种子苗。先异养，后异养、自养两种营养方式并存，最后完全自养。地下部生长优于地上部，主干和主根分枝很少。

（2）无性繁育苗（以短穗扦插为例）。扦插苗在生根以前主要依靠茎、叶中贮藏的营养物质。生根后根系吸收水分、矿质营养。

茶树年发育周期

（三）幼年期

幼年期指从第一次生长休止到茶树正式投产这一时期，为 3 ～ 4 年。

特点：生理功能活跃，根系和枝条均迅速扩大；营养生长十分旺盛，花蕾少，落花落蕾多，结果少；地上部生长旺盛；枝条的分枝方式为单轴分枝，根系为直根系。

（四）成年期

成年期指茶树正式投产到第一次进行更新改造时为止，亦称青壮年时期。这一时期需要 20 ～ 30 年。

特点：茶树由营养生长为主，转变为营养和生殖生长并重。地上部分枝由单轴分枝到合轴分枝再到单轴分枝（徒长枝），地下部根系由直根系到分枝根系到丛生根系。树冠和根系在前期呈现离心生长，后期呈现向心生长。后期，在树冠面上形成鸡爪枝，在根茎处出现徒长枝。

（五）衰老期

衰老期指茶树从第一次更新到整个植株死亡为止。这一时期可达数十年。茶树的一生可达 100 年以上，而经济生产年限一般只有 40 ～ 60 年。

特点：地上部骨干枝衰老或干枯，根茎处萌发徒长枝和不定根（丛生根），落花落蕾增多，结实率下降。

【任务实施】

到茶园观察 5 个茶树品种，并记录到表 1-1-1 中。

表 1-1-1 茶树观察记录

项目名称	品种				
树型					
树姿					
枝条分枝方式					
茶树生育期					
叶长 /cm					
叶宽 /cm					
叶面积 /cm^2					
叶形					
叶身形态					
叶脉对数					
叶尖形状					
叶基形状					
叶色					
叶片着生状态					
叶缘					
锯齿					
叶质					
叶面隆起性					
花色					
花瓣片数					
雌蕊花柱分裂数					
茶果形状					
种子形状					

【小提示】

（1）叶片着生状态：测量当年生长枝干中部成熟叶片与枝干的夹角，每株测量2个，依夹角平均值确定叶片着生状态，叶片着生状态分为上斜（夹角＜45°）、近水平（45°≤夹角＜90°）、下垂（夹角≥90°）。

（2）叶长：叶基部至叶尖的长度。

（3）叶宽：叶最宽处的距离。

（4）叶面积：叶长 × 叶宽 ×0.7。

（5）叶形：有特大叶（叶面积 >60cm²），大叶（40cm² ＜叶面积≤ 60cm²），中叶（20cm² ＜叶面积≤ 40cm²），小叶（叶面积≤ 20cm²）。

（6）叶形指数：叶长 / 叶宽。

（7）叶形：有近圆形（叶形指数≤ 2.0），椭圆形（2.0 ＜叶形指数≤ 2.5），长椭圆形（2.5 ＜叶形指数≤ 3.0），披针形（叶形指数＞ 3.0）。

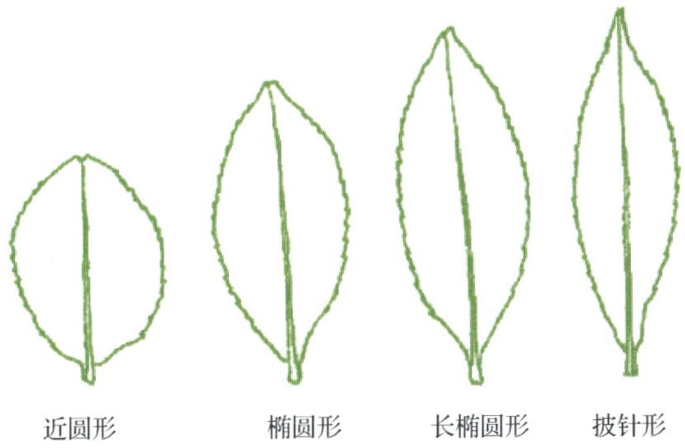

图 1-1-2　叶形

（8）叶脉对数：从叶背面数叶脉对数。侧脉对数是分类上的主要依据之一。

（9）叶尖形状：分为渐尖、钝尖、圆尖。

图 1-1-3　叶尖形状

（10）叶面隆起性：以福建水仙或长叶白毫作为“平”或“隆起”的参照标准。

（11）叶片质地：质地分为柔软、中、硬。

（12）叶齿密度：茶叶的锯齿变异很大，不同品种茶叶其形状、大小、排列均不同，是辨别茶叶品种的特征之一。分为稀（ < 2.5 个 /cm ）、中（2.5 ～ 4 个 /cm ）、密（ > 4 个 /cm ）。

（13）叶缘形态：分为波浪、微波、平。

（14）叶基形状：叶基部至最后一对锯齿处，分为楔形、近圆形。

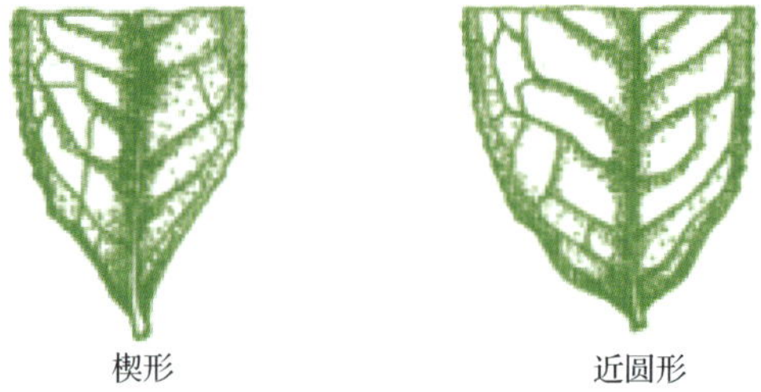

图 1-1-4　叶基形状

（15）叶身形态：分为内折、平、内卷。

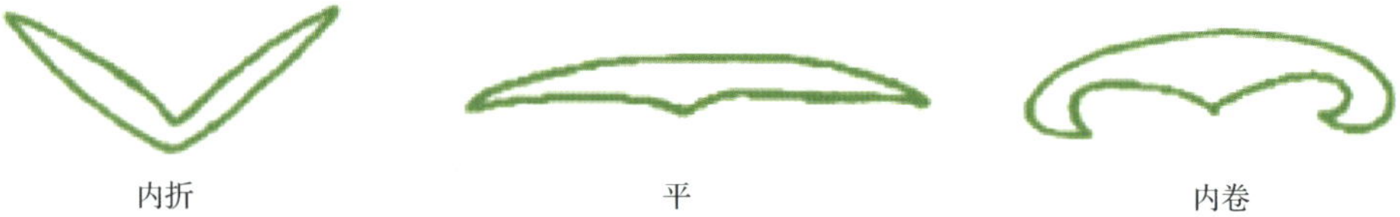

图 1-1-5　叶身形态

（16）叶色：分为深绿、绿、黄绿、紫绿等。

图 1-1-6　叶色

（17）花色：分为白色、乳白色、粉红色等。

（18）花冠大小：以近开时，其自然花冠的最大直径。

（19）花瓣片数：数花瓣的实际数量。

（20）雌蕊花柱分裂数：因品种而异，有 2 ～ 6 裂。

图 1-1-7　雌蕊花柱分裂数

（21）茶果形状：球形、肾形、三角形、方形、梅花形。

图 1-1-8　茶果形状

（22）茶籽（种子）形状：近球形、半球形、肾形。

【评价反馈】

根据茶树观察与技能测试，由教师对学生完成技能情况进行评分（表 1-1-2），满分 100 分。

表 1-1-2　任务实施教师评价

班级：　　　　　　　　　　组名：　　　　　　　　　　日期：

评价指标	评价要素	分值	评分
信息检索	能有效利用网络资源、工作手册等查找有效信息；能将查找到的信息有效转换到工作中	30	
工作认知	是否熟悉各自的工作岗位，认同工作价值（从工作着装、工作态度进行评价）	10	

续表

评价指标	评价要素	分值	评分
参与状态	能与同学、教师进行有效的沟通交流。能处理好合作和独立思考的关系	20	
学习方法	观察是否细致、认真	30	
总结反思	较好地掌握专业知识点，具有严谨思维的能力	10	
合计		100	

【理论测验】

1．成年茶树的吸收根主要分布在__________的土层中。

2．骨干枝是指从主干上分生出的______________侧枝。

3．__________茶树叶片解剖结构有 2～3 层栅状组织，排列紧密。

4．真叶初展是指叶片展开至___________时。

5．茶树适宜生长于___________土壤。

【拓展训练】

随机给出 30 片多种植物叶片，能区分茶叶叶片与其他植物叶片。

任务二　茶树品种识别

基本知识

特异与优质茶树资源是指具有一些特异或优质性状的茶树资源。常见为含氨基酸总量 >6%，茶多酚 >40%（或儿茶素类 25%），咖啡碱 >5% 或 <1%，红茶茶黄素 >2% 等的茶树资源。有些茶树资源发芽期特早，抗旱、寒、病、虫等抗逆性状中某一项或多项抗性强也属于特异或优质性状的茶树资源。

茶树品种资源认知

图 1-2-1　鸠坑种鸠坑茶树王

优良茶树品种特征

（1）高产：在同等环境和管理水平下，优良品种一般比非良种增产 20% ～ 30%，甚至更高。

（2）优质：优质茶生产需要使用特定的优良茶树品种。

（3）高效：由于优良茶树品种能提高茶叶成品品质，所以良种的经济效益十分显著。

（4）低耗：优良茶树品种具有较强的抗性；适合机械化作业。

【任务实施】

到茶园观察不同茶树品种，每组成员 4 ～ 6 人，每组完成 3 个以上茶树品种观察记录（表 1-2-1）。品种的选择要有一定的可比性。如：选择不同叶型的品种或不同区域的品种作比较，也可以选择相同叶色的不同品种或相同区域、相同叶形的不同品种作比较。

表 1-2-1　学生任务分配情况

班级：　　　　　　组号 / 组名：　　　　　　指导老师：

序号	姓名	职务	学号	任务分工

【观察记录】

选点：各项数据均以这 5 点观测，再取平均值，完成表 1-2-2、表 1-2-3、表 1-2-4。

□□□□□□□□□□□□□□
□■□□□□□□□□□□■□
□□□□□□□□□□□□□□
□□□□□□■□□□□□□□
□□□□□□□□□□□□□□
□■□□□□□□□□□■□□
□□□□□□□□□□□□□□

表 1-2-2 ________品种形态观测记录

项目	1	2	3	4	5	平均
树型						
树姿						
主干直径						
骨干枝数						
分枝高度						
树高						
叶层厚度						
轮次						
树幅						
行距						
采面小桩数						
一芽一叶期						
一芽二叶期						
芽叶颜色						
芽叶茸毛						
一芽三叶长						
一芽三叶白芽重						
叶片着生状态						

续表

项目	1	2	3	4	5	平均
叶面积 /cm^2						
叶色						
叶面隆起性						
盛花期						
花冠直径						
种子形状						
种径大小						
百粒重						
每亩株数						
覆盖率						

表 1-2-3　＿＿＿＿＿品种形态观测记录

项目	1	2	3	4	5	平均
树型						
树姿						
主干直径						
骨干枝数						
分枝高度						
树高						
叶层厚度						
轮次						
树幅						
行距						
采面小桩数						
一芽一叶期						
一芽二叶期						
芽叶颜色						
芽叶茸毛						
一芽三叶长						
一芽三叶百芽重						

续表

项目	1	2	3	4	5	平均
叶片着生状态						
叶面积 /cm^2						
叶色						
叶面隆起性						
盛花期						
花冠直径						
种子形状						
种径大小						
百粒重						
每亩株数						
覆盖率						

表 1-2-4 ________品种形态观测记录

项目	1	2	3	4	5	平均
树型						
树姿						
主干直径						
骨干枝数						
分枝高度						
树高						
叶层厚度						
轮次						
树幅						
行距						
采面小桩数						
一芽一叶期						
一芽二叶期						
芽叶颜色						
芽叶茸毛						

续表

项目	1	2	3	4	5	平均
一芽三叶长						
一芽三叶百芽重						
叶片着生状态						
叶面积 /cm^2						
叶色						
叶面隆起性						
盛花期						
花冠直径						
种子形状						
种径大小						
百粒重						
每亩株数						
覆盖率						

【小提示】

（1）树型：观察5龄以上茶树自然生长情况，根据植株主干和分枝情况确定树型。树型分为灌木型（从茎部分枝，无主干）、小乔木型（基部主干明显，中上部不明显）、乔木型（分枝部位高，有明显主干）。

图 1-2-2　灌木型茶树

图 1-2-3　春茶萌发新芽

（2）树姿：测量灌木型茶树外轮骨干枝与地面垂直线（乔木和小乔木型茶树测量一级分枝与地面垂直线的分枝角度）的夹角，每株测 2 个，依据夹角的平均值确定树姿。树姿分为直立状（分枝角度≤ 30°）、半开张状（30° ＜分枝角度＜ 50°）、开张状（分枝角度＞ 50°）。

（3）主干直径：一级分枝以下主干的直径。

（4）骨干枝数：离地 30cm 处的粗壮枝条。

（5）分枝高度：地面至一级分枝处的垂直高度。

（6）树高：地面至树冠顶端的垂直高度。

（7）叶层厚度：掰开树冠，测量绿叶层厚度。

（8）轮次：每株选择茶蓬面中心和中心至边缘一半处的枝条各一条，找到当年剪口，向上观察轮次。

（9）树幅：侧枝最宽处宽度。

（10）行距：两行茶树间的距离。

（11）采面小桩数：33cm × 33cm 方框内 10cm 厚度内的小桩数。

（12）发芽密度：春茶鱼叶期观察计数 33cm × 33cm 蓬面内已萌发第一轮越冬芽数。

（13）一芽一叶期：春季固定观察不修剪茶树每株越冬顶芽或修剪茶树剪口下第一越冬芽 2 个，鱼叶期后每隔 1 天观察一次，记录 1/3 越冬芽达到一芽一叶的时间。表示方法为“月日”、平均日期及其变幅。

（14）一芽二叶期：春季固定观察不修剪茶树每株越冬顶芽或修剪茶树剪口下第一越冬芽 2 个，一芽一叶期后每隔 1 天观察一次，记录 1/3 越冬芽达到一芽二叶的时间。表示方法为“月日”、平均日期及其变幅。

（15）芽叶颜色：春梢第一轮一芽二叶占茶树全部新梢的半数时，在每株茶树上从鱼叶处随机采摘一芽二叶 2 个，观察芽叶颜色。按最大相似原则确定芽叶颜色，芽叶颜色分为玉白色、黄绿色、绿色、紫绿色。

（16）芽叶茸毛：芽叶茸毛分为无、少、中、多、特多。以龙井 43 作为“少毛”参照标准，以福鼎大白茶或云抗 10 号作为“多毛”参照标准。

（17）一芽三叶百芽重：当春梢第一轮一芽三叶占全部越冬芽半数时取样。从一芽三叶新梢鱼叶处随机采摘一芽三叶 100 个。称量，精确到 0.1g。采样后 1 小时内称重完毕，芽叶有表面水时不采样。

（18）一芽三叶长：随机取一芽三叶 30 个。测量从基部至芽顶部的长度，结果以平均值表示，精确到 0.1cm。

（19）每亩株数：每点取茶行 3m 长度计株数，取 5 个点的平均值，计算每亩株数：

$$每亩株数 = \frac{[3m\ 长度的株数] \times 667m^2}{行距\ \times 3}$$

（20）覆盖率：取 5 个点的平均值，计算覆盖率：

$$覆盖率 = \frac{树幅}{行距} \times 100\%$$

【评价反馈】

1. 成果分享与展示：

各组派代表分享观察测量结果。

各组进行分享交流。

教师结合大家任务完成情况进行点评。

2. 根据不同茶树品种的观察和分享结果，由教师对学生完成技能情况进行评分（表 1-2-5），满分 100 分。

表 1-2-5　任务实施教师评价

班级：　　　　　　　　　　组名：　　　　　　　　　　日期：

评价指标	评价要素	分值	评分
信息检索	能有效利用网络资源、工作手册等查找有效信息；能将查找到的信息有效转换到工作中	30	
工作认知	是否熟悉各自的工作岗位，认同工作价值（从工作着装、工作态度进行评价）	10	
参与状态	能与同学、教师进行有效的沟通交流。能处理好合作和独立思考的关系	20	
学习方法	观察是否细致、认真	30	
总结反思	较好地掌握专业知识点，具有严谨思维的能力	10	
合计		100	

【理论测验】

1. 品种审定制度是国家加强__________，促进品种合理推广的________________。

2. 茶树品种具有如下5个属性：____。

【拓展训练】

思考茶树良种选育对产业发展有什么影响。

项目二

茶树繁育

思维导图

项目二　茶树繁育

- 任务一　茶树有性繁育
- 任务二　茶树无性繁育

学习目标

知识目标：能说出茶树有性繁育、无性繁育的优缺点；能说出茶树有性繁育、无性繁育的工作步骤及技术要点。

技能目标：能开展留种母树、采穗母树园管理工作；能开展茶果采收、茶树扦插繁育工作；能开展茶籽贮藏、茶种直播繁育、茶树幼苗期管护等工作。

素养目标：从国家政策看种业振兴，培养“三农”情怀；培养学习能力、辨别能力、表达能力；培养生态文明理念及安全生产意识；培养遵纪守法、爱岗敬业、认真负责、勤奋努力、精益求精、团结合作、勇于创新、开拓进取的职业操守。

任务一 茶树有性繁育

基本知识

一、有性繁育的特点

优点：具有复杂的遗传性，适应环境能力强，有利于引种驯化和提供丰富的选种材料。茶苗主根发达，入土深，抗旱、抗寒能力强，繁育技术简单。苗期管理方便、省工，种苗的成本低，繁育工作比较经济易行。茶籽便于贮藏和运输，有利于良种推广。

缺点：植株间经济性状杂，生长差异大，生育期不一，不便于管理。鲜叶原料粗细不匀、嫩度不一，不便于加工和名优茶的开发。结实率低的茶树品种难以用种子繁育。

二、留种园的选择与管理

（一）留种园选择要求

目前生产上很少设有专用的留种园，一般都是在采叶园中采种，常常是有种就采，茶籽混杂，后代经济性状差异大，不符合繁育良种的要求。为了满足生产需要，现有的采叶园通过去杂保纯、去劣保优等的提纯复壮改造，建立采叶采种兼用的留种园。

兼用留种园的选择，一要选择经济性状普遍优良的茶园；二要选择茶树生长旺盛的成年茶树；三要对茶园中混杂的异种、劣种茶树，采用重剪重采办法，不让其开花授粉，或者挖去补种。

（二）留种园的田间管理

中国茶树栽培简史

1．注重采养结合

茶花花芽分化时间多为 6 ～ 11 月，夏季和初秋分化的花芽结实率较高。为保障夏季花芽正常分化，尽量不采夏茶。在春季采茶，再退一步还可在秋季采茶，既使鲜叶产量和茶籽产量都得到了兼顾，也使茶园经济效益得到了保障。

2．加强肥培管理

营养元素比例：采种茶园需要适量的氮肥，而磷钾肥是形成花芽和茶果不可缺少的元素。我国南方的砖红壤和红壤茶园有机质缺乏，缺氮（N）、缺钾（P）、缺磷（K）严重，对营养生长和繁殖生长都不利，因此，必须通过施肥及时补充养分。留种园应因地因树而异，一般 N ：P ：K=2 ：2 ：1 或 2 ：3 ：1；树势弱的情况，N ：P ：K=3 ：2 ：1。

施肥时期：每年 6 ～ 10 月是茶树花芽的有效分化期，再加上前一年幼果的迅速生长，茶树需要大量的养分，如果不适时追施肥料，必将造成养分脱节以致引起大量的落花落果。一般采叶兼用的留种园，氮肥可以按照采叶茶园标准（N ：P ：K=2 ～ 4 ：1 ：1）施用，按上述三要素的配比，磷、钾肥分两半施，一半是同基肥混合施入，另一半是在春茶后（5 月下旬）或夏茶后（6 月下旬）施入。

3．适时修剪

留种园需在冬季茶树休眠时进行修剪。剪除病虫枝、弱枝、过密枝及从根茎处抽出的徒长枝。修剪的目的一是可以避免母株枝条过多，减少落花落果；二是便于花期昆虫活动，增加授粉概率。

4．做好抗旱、防冻、防病虫害工作

抗旱：在夏秋季节宜进行铺草防旱，旱季来时加强灌溉。

防冻：在霜冻来临之前在茶树冠面覆盖塑料薄膜或撒盖薄层稻草。

防病虫：主要是防治茶籽象甲，秋季深挖茶园以杀死入土幼虫。

三、茶果采收与处理

（一）茶果成熟标准

从茶果外观辨别：茶果果皮呈绿黑色或棕绿色，无光泽，有的果皮微裂开。

从种子外面辨别：种子壳硬脆呈棕褐色，有光泽，子叶饱满现乳白色。

（二）茶果采收时间

因品种不同，9 ～ 12 月均可采收。中小叶种在霜降前后（10 月下旬）采收；大叶种在 11 月中下旬采收。受气温、阳光影响，高山茶区茶籽成熟较晚，丘陵地区成熟较早；北坡向阴成熟晚，南坡向阳成熟早；树冠内成熟较迟，树冠外成熟较早。80% 茶果达到成熟标准时即可开展第一次采收；以后根据情况，每隔 15 ～ 20 天采收一次；一般可采收三次。

图 2-1-1 茶树结有茶果

（三）茶果处理

1．茶果处理

茶果采回后，日晒 0.5 ～ 1 天，翻动数次，使果壳发软或开裂，即可脱壳取籽。

2．茶籽处理

室内薄摊阴干，摊放厚度约 10cm，忌摊放过厚和日晒，常检查翻动，防高温烫坏种胚。待种子含水量降至 30% 左右时，除去杂物，拣出红棕色不成熟种，破损、虫蛀、空壳种。按不同品种类型的种子大小用筛孔 10mm、14mm、16mm 的筛子筛去小籽，筛面上的种子留存备用。

四、茶籽品质判定

茶籽的品质可从茶籽直径、重量、夹杂物含量、发芽率、含水量等方面进行判定。

1．茶籽分级标准

茶籽分级标准见表 2-1-1。

表 2-1-1 茶籽分级标准

等级	茶籽大小（mm）	粒数 /500g（含水量 30%）
一级	＞ 16	＜ 300
二级	14 ～ 16	300 ～ 400
三级	12 ～ 14	400 ～ 500
四级	10 ～ 12	500 ～ 600
级外	＜ 10	＞ 600

图 2-1-2　茶籽

2．合格茶籽夹杂物含量要求

茶籽夹杂物≤ 2%。

3．合格茶籽发芽率要求

茶籽发芽率≥ 75%。

4．合格茶籽含水量要求

含水量为 22% ～ 38%。

5．常用测量方法

测定种子大小：取样 100 粒，量其直径，求其平均值。同一品种茶籽大，则发芽率高，幼苗生命力强。

测定千粒重：随机取茶籽 100 粒，称其重量，重复 3 ～ 4 次，平均后乘以 10 即为千粒重。千粒重表示种子饱满，对以后发芽、幼苗生长均有利。

五、茶籽储存

（一）茶籽存储适宜条件

茶籽含水量 30% 左右；温度 5 ～ 7℃（不是室温，是指茶籽堆内温度）；相对湿度 60% ～ 65%；注意开窗通风，调节温、湿度，保证茶籽生理活动需要。

（二）茶籽的贮藏

茶籽要在阴凉干燥、无阳光直射的房间进行贮藏。贮藏时先薄铺一层干草，再在底层铺放细沙 3 ～ 5cm；而后摊放茶籽 5cm 左右，最后在茶籽上撒一层细沙以不露出籽为度。如此向上间隔铺 4 ～ 5 层，最后盖细沙 3 ～ 5cm 或铺一层稻草。在贮藏期内，要经常检查堆内温度、茶籽含水量。

六、播种育苗

（一）茶籽处理

秋冬播种不需进行特殊处理，春播前需进行处理。

1．浸种

将茶籽浸在清水中，每天换水一次并搅拌3～4次，2～3天后，除去浮在上面的种子，取出下沉的种子作为播种材料。

2．催芽

在室内地面铺上3～4cm的细沙，沙上铺茶籽7～10cm，茶籽上盖一层沙，喷水后，室温保持在28～30℃。催芽时间7天左右，当有40%～50%茶籽种壳开裂露白、胚根伸出时，即可选出，用于播种。

（二）茶树直播

播种深度：一般为3～5cm。秋冬播比春播深，沙土比黏土深，旱季亦适当深播。

播种密度：穴的行距为15～20cm，穴距为10cm左右。每穴播种茶籽3～5粒。

（三）茶苗管护

1．水分管理

幼苗期茶苗根系较浅，需要加强保水措施，一般保持土壤持水量70%～90%为好。

2．荫棚管理

为了避免阳光的强烈照射和减少水分蒸发，幼苗需要进行遮阳。各地采用的遮阳棚形式很多，按高度不同可分为高棚、中棚和矮棚；按结构不同可分为平顶棚、单面斜棚和拱形顶棚；按搭棚材料不同可分为竹棚、木棚和金属架棚。

3．合理追肥

茶芽萌发后，对营养物质的需要随之增加，必须及时给予补充。但是这时茶苗根系还不是很发达，地上部分也十分细嫩，因而不宜施浓肥，必须掌握先淡后浓、少量多次的施肥原则。

4．病、虫、草防治

苗圃中茶苗嫩叶容易招引害虫危害，特别是靠近生产茶园的苗圃中更是严重。茶苗圃中常发生的害虫主要有茶蚜、茶小绿叶蝉、茶尺蠖等。在害虫发生季节要经常检查，一旦发现，要做好应对措施，进行防治。

此外，还要注意防除杂草。杂草要拔早、拔小，如因拔草而松动茶苗周围土壤，应及时压实。

【任务实施】

开展茶树有性繁育。每组成员 4～6 人，每组针对 2 个茶树品种进行有性繁育，每个品种育苗 50 株。

表 2-1-2　学生任务分配情况

班级：　　　　　　　　组号 / 组名：　　　　　　　　指导老师：

序号	姓名	职务	学号	任务分工

茶树留种园管护计划

一、留种园管护目的

____

____

二、留种园管护的主要内容

____

____

三、留种园管护

____

____

表 2-1-3　工具和器材清单

序号	名称	单位	数量

表 2-1-4 工作步骤

序号	工作内容	注意事项	负责人

茶果采收计划

一、茶果、茶籽成熟标准

____

____

二、开采时间确定

____

____

三、采收实施

____

____

表 2-1-5 工具和器材清单

序号	名称	单位	数量

表 2-1-6 工作步骤

序号	工作内容	注意事项	负责人

茶籽直播计划

一、播种地整理

表 2-1-7 工具和器材清单

序号	名称	单位	数量

表 2-1-8 工作步骤

序号	工作内容	注意事项	负责人

二、播种前种子处理

表 2-1-9 工具和器材清单

序号	名称	单位	数量

表 2-1-10 工作步骤

序号	工作内容	注意事项	负责人

三、种子直播

表 2-1-11 工作步骤

序号	工作内容	注意事项	负责人

四、任务实施中存在问题反馈

____

____

茶苗管理计划

一、茶树幼苗期管护重点

____

____

二、幼苗期管护

表 2-1-12 工具和器材清单

序号	名称	单位	数量

表 2-1-13　工作步骤

序号	工作内容	注意事项	负责人

【评价反馈】

根据种子直播育苗情况，由教师对学生完成技能情况进行评分（表 2-1-14），满分 100 分。

表 2-1-14　任务实施教师评价

班级：　　　　　　　　　组名：　　　　　　　　　日期：

评价指标	评价要素	分值	评分
信息检索	能有效利用网络资源、工作手册等查找有效信息；能将查找到的信息有效转换到工作中	30	
工作认知	是否熟悉各自的工作岗位，认同工作价值（从工作着装、工作态度进行评价）	10	
参与状态	能与同学、教师进行有效的沟通交流；能处理好合作和独立思考的关系	20	
学习方法	观察是否细致、认真	30	
总结反思	较好地掌握专业知识点，具有严谨的思维能力	10	
合计		100	

【理论测验】

1. 茶树良种的繁育方式可分为____________、____________两种方式。

2. 六堡茶原种常用的繁育方式是____________。

3. 留种母树，留__________采对茶籽的产量影响最大。

4. 茶果采收需根据茶果成熟情况分批采收，________茶果达成熟标准时即可开展第一次采收；一般采收________次。

5. 一级茶籽直径大于______ mm，每 500g（含水量 30%）粒数少于______粒。

6. 茶种直播深度为__________cm。

7. 茶种直播穴的行距为______cm，穴距为______cm左右，每穴播种茶籽______粒。

【拓展训练】

哪种类型的茶树品种适宜采用有性繁育方式进行繁育？

任务二 茶树无性繁育

基本知识

一、无性繁育的特点（短穗扦插繁殖）

优点：保持良种的特征特性；后代性状一致，有利于建成均一茶园，管理采收方便；繁育时间长，繁育系数大，有利于迅速推广良种的数量（尤其是组培）；克服某些不结实良种用种子繁殖的障碍。

缺点：繁育技术要求高，耗费劳动力多，费工、费时；母株病虫害容易通过苗木传染后代，抗病性弱；苗木贮运比种子困难。

茶树无性繁育

图 2-2-1 无性繁育的茶园

二、扦插时间

短穗扦插一般一年四季都可以进行，但是在不同的时期扦插，扦插苗的成活率、健壮程度以及育苗周期各不一样，应当根据当地的具体情况以及农事活动情况确定。

1．春插

时间：江南茶区 3 ～ 4 月，华南茶区 2 ～ 3 月。

插穗：上年秋梢或春季修剪的枝条。

优点：当年可以出圃，苗圃利用率高、周转快。

缺点：成活率不高，矮苗和瘦苗的比率大。原因是枝条中营养物质较少，地温低。

2．夏插

时间：6 月中旬至 8 月上旬。

插穗：当年春梢或春夏梢。

优点：发根快，成活率高，幼苗生长健壮。

缺点：管理周期长，生产成本较高。

3．秋插

时间：8 月中旬至 10 月上旬。

插穗：当年夏梢或夏秋梢。

优点：成活率高，管理周期较夏插短，成本较低。

缺点：晚秋扦插当年发根率明显逐步下降。

4．冬插

时间：10 月中旬至 12 月间。

插穗：当年秋梢或夏秋梢。

优点：可充分利用枝梢。

缺点：对冬春季管理要求较高。

三、采穗母本园的选择与管理

（一）采穗母本园的选择

要想得到优质的插穗，就必须做好采穗母本园的选择工作。采穗母本园多为生产、采穗结合，春茶生产名优茶，春茶后修剪，再采一轮茶芽，之后开始留养插穗。例如在广西钦州的灵山县夏秋养穗，冬季 11 月份扦插，一般 1 亩地（一亩约为 667m^2）的采穗园可以提供给 7 ～ 8 亩苗圃地用插穗（扦插规格 7cm × 2cm），每亩苗圃可繁育苗木 30 万株茶苗。同时应选择品种纯，无混杂，处于成年期，长势旺盛，无病虫害，特别是无难以防治的螨类、蚧类害虫的茶园作为母本园。

（二）采穗母本园的管理

1．加强培肥管理

采穗母本园应该按照高产茶园的管理水平进行管理，并且增施磷、钾肥，使插穗具有较强的分生能力。一般在养穗前一年的秋季，每亩用饼肥 200 ～ 250kg 或厩肥 2000 ～ 2500kg、硫酸钾 20 ～ 30kg、过磷酸钙 30 ～ 40kg，拌匀发酵腐熟后以基肥一次性施下。养穗当年在春茶前、剪穗后分别追施纯氮每亩 8 ～ 10kg。

2．合理修剪

修剪方式：青、壮龄母树需要进行深修剪，剪去树冠上部细而密集的枝梢。半衰老母树要在离地面 40cm 左右进行重修剪。适当的修剪可使重新抽生的枝条粗壮、健康。

修剪时间：秋冬季扦插的在春茶结束前进行修剪。夏季扦插的在春茶前修剪，春茶不采，留养插穗。优点是插穗质量好，缺点是损失一季春茶。春季扦插的在夏茶结束前进行修剪。

分期打顶：打顶就是将枝梢顶端的一芽一二叶或幼嫩的对夹叶摘去。打顶可抑制顶端生长优势，促使枝条增粗，并能促进腋芽膨大，加速嫩茎木质化。打顶时间以嫩茎基部开始变红为适宜期。打顶后 15 天左右，腋芽芽体开始膨大，枝条大部分变红或呈黄绿色时，可剪下枝梢用作插穗。

3．病虫害防治

母本园在养穗过程中，由于肥培管理良好，新梢粗壮细嫩，再加上不采芽叶，容易遭受病虫危害。因此，在养穗的过程中，应当加强茶小绿叶蝉、螨类、茶尺蠖、茶叶象甲等病虫的测报和检查，发现病虫及时防治。

4．黄化处理

黄化处理养穗母树，可以提高枝条扦插的成活率，提早发根，促进根群发育。当养穗母树新梢长至一芽二三叶时，可用黑色塑料薄膜或稻草覆盖在茶蓬上方，覆盖物要高出茶丛 30cm，形如隧道，厚度以不透光为宜。仅茶丛下方离地 20cm 以下不进行覆盖，以利茶丛通气，其余部分密闭。经 2 ～ 3 周遮光后，撤除覆盖物，让茶树在正常光照条件下生长 15 ～ 20 天即可进行剪穗扦插。

5．生长素处理

留养新梢成熟时，在剪穗前 7 天喷施生长素类溶液，可明显提早插穗发根。

四、扦插苗圃地的选择与整理

（一）扦插苗圃地的选址

苗圃地选址需要满足以下条件：

地点：靠近母本园或待建的新茶园，交通便利。

地势：平坦，坡度不宜超过 5° 。如坡度较陡，应修筑阔幅水平梯田。近年来人们越来越多地选择水田作为苗圃，灌溉和管理非常方便。只要土壤排水良好，是完全可行的。

土壤：酸性砂壤土，pH 为 4.0 ～ 5.5，无石灰反应。

土层厚度：40cm 以上。

水源：要有保证，而且宜近。

有难以防除的杂草，前作物是烟草、麻类土地或老茶园不宜选择。如有根线虫的土地应进行土壤消毒。

（二）扦插苗圃地的整理

1．翻耕

在扦插前的较早时期进行第一次翻耕，深度为 40cm 左右，翻耕结合施基肥进行。扦插前 2 ～ 3 天进行第二次翻耕，深度为 15 ～ 20cm，翻耕后打碎土壤，地面粑平做畦。

2．苗畦整理

扦插苗畦的规格以长 15 ～ 20m、宽 100 ～ 130cm 为宜。苗畦的高度随地势和土质而定，一般平地和缓坡地，畦高 10 ～ 15cm；水田或土质黏重地，畦高 25 ～ 30cm；畦沟底宽 30cm 左右，面宽 40cm。苗地四周开设排水沟，沟深 25 ～ 30cm，沟宽 40cm 左右。

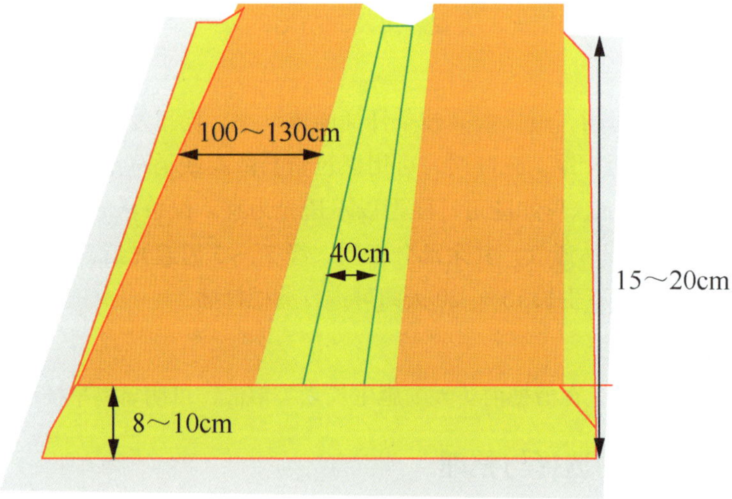

图 2-2-2　苗床示意

3．铺盖心土

选择红黄壤，pH 为 4.0 ～ 5.5，用直径 1cm 筛子过筛，将过筛后的心土铺于畦面，厚度 3 ～ 5cm。

五、插穗的选择与剪取

（一）插穗的选择

1．枝梢标准

插穗应选茎粗 3 ～ 5mm，大部分呈红棕色或绿色，半木质化，腋芽膨胀有 1 ～ 2 粒米大，无病虫害，叶片完整的健壮枝梢。低于Ⅱ级为不合格穗条。

（1）大叶品种穗条质量指标（表 2-2-1）：

表 2-2-1 大叶品种穗条质量指标

级别	品种纯度 /%	穗条利用率 /%	穗条粗度 φ/mm	穗条长度 /cm
Ⅰ	100	≥ 65	≥ 3.5	≥ 60
Ⅱ	100	≥ 50	≥ 2.5	≥ 25

（2）中小叶品种穗条质量指标（表 2-2-2）：

表 2-2-2 中小叶品种穗条质量指标

级别	品种纯度 /%	穗条利用率 /%	穗条粗度 φ/mm	穗条长度 /cm
Ⅰ	100	≥ 65	≥ 3.0	≥ 50
Ⅱ	100	≥ 50	≥ 2.0	≥ 25

2．剪取时期

清晨。此时空气湿度大，枝叶含水量多，易于保持新鲜状态。

3．采下枝梢的处理

最好是当天剪穗，当天扦插；异地取枝需要贮运的，应贮放在阴凉潮湿的地方，注意浇水，运输时要放在透气的竹筐中，充分喷水，枝条铺放厚度以 5 ～ 10cm 为度。贮运不能超过 3 天。

（二）插穗的剪取

1．剪穗的标准

剪取 3 ～ 4cm 长的短茎（两指宽），带有一片成熟的叶片和 1 个饱满的腋芽。剪口必须平滑，稍有一定的倾斜夹角，腋芽和叶片要完整无损，不可剪坏。节间太短的，可把两节剪成一个插穗，并剪去下端的叶片和腋芽。

2．插穗处理

插穗剪好后，一般不经过任何处理就可以扦插了。但是，如果用植物生长素类药剂处理插穗，据资料介绍，可提早 1/3 时间生根。

（1）插穗浸拌：将整个插穗在药液中拌一下。常用浸泡药剂有：α－萘乙酸 80μL/L、2，4-D50μL/L、α－萘乙酸 50μL/L+ 吲哚丁酸 50μL/L。

（2）插穗基部速浸：将激素配成较高浓度的溶液，并用 50% 乙醇配制，以加速渗透。扦插时将插穗下端剪口在药液中速蘸一下即行扦插。插穗基部速浸浓度为上述药剂浓度的 10 倍，并用 50% 乙醇配制。ABT 生根粉的用量为 100 ～ 300mg/kg，并用 50% 乙醇配制。

六、扦插方法

喷湿苗畦：在扦插前 1 ～ 2 天，给苗畦充分洒水。待水分向下渗透，土壤呈“湿而不黏”的松软状态时，铺上地膜，用木拍拍实，要求上紧下松，准备扦插。或先拍实后再覆盖地膜。这样可避免扦插擦破茎皮，而且插穗的下端与泥土接触紧密，容易成活。如果苗畦的土壤太潮湿，扦插时容易黏手，质量差，工效亦受影响。

扦插行距为 7 ～ 10cm，株距为 2 ～ 4cm。用一块 7cm 宽的木板划好行线，按株行距要求将插穗垂直或稍斜插入土中，露出叶柄，避免叶片贴土，叶片朝向应视扦插当季风向而定，必须顺风；否则，母叶易受风吹而脱落，影响成活。边插边用手指将土壤稍加压实，使插穗与土壤紧密接触，有利于吸收水分和发根。插不稳而被风吹松动的，也会影响成活。

七、扦插后的管理

1．水分管理

插穗扦插后生根前主要是依靠茎部剪口从土壤中吸收水分，同时叶片也可以从潮湿的空气中吸收少量的水分，维持插穗体内水分平衡和正常的生理代谢活动。如果不能保持一定的土壤和空气湿度，吸水就发生困难，造成吸收的水少于叶片蒸腾的水，会导致插穗因体内水分失去平衡而死亡。但是，如果土壤含水量太高，又会造成土壤空气不足，插穗剪口缺氧，呼吸困难，难以发根。一般保持土壤持水量 70% ～ 90% 为好，发根之前高些，为 80% ～ 90% 之间。随着插穗开始发根或气温降低，土壤持水量可以低一些。为了省工，铺盖心土时将土拍实后也可以用地膜覆盖封闭畦面，不必每天浇水。

2．荫棚管理

为了避免阳光的强烈照射和减少水分蒸发，扦插苗常常需要遮阳。过去茶区育苗用一种蕨草（铁芒箕）直接插在畦面上遮阳，也有搭棚铺草遮阳。目前广泛应用遮阳网，遮阳效果很好。这种黑色的遮阳网直接固定在遮阳架上（平顶棚、拱顶棚均可），浇水也不用揭开，具有成本低、管理方便、使用寿命长等优点，冬季还具有一定的挡风、保温作用，是一种比较理想的遮阳材料。各地采用的遮阳棚形式很多，按高度不同可分为高棚（高于人的）、中棚和矮棚（50cm 以下）；按结构不同可分为平顶棚、单面斜棚和拱形顶棚；按搭棚材料不同可分为竹棚、木棚和金属架棚。搭盖荫棚固然可以避免强烈阳光照射插穗，提高扦插苗的成活率，往往是专业育苗场所采用的方法，但是这毕竟是一个费工、费时而且费钱的方法。为了降低育苗成本，可以让扦插苗生根前这段时期避开春、秋少雨时节，而不用遮阴，效果也相当不错；或者采用更先进的全光照自动喷雾砂床育苗法。

3．合理追肥

开春后茶芽开始萌发生长，对营养物质的需要随之增加，必须及时给予补充。但是这时茶苗根系还不是很发达，地上部分也十分细嫩，因而不宜施浓肥，必须掌握先淡后浓、少量多次的施肥原则。春茶前期追肥可用加水 10 倍以上的腐熟有机肥、0.2% 的尿素或 0.5% 的碳酸铵水溶液淋施。茶苗长到 10cm 左右时，可把肥料浓度提高 1 倍，每 10 ～ 15 天施一次，整个春茶期间施 4 ～ 5 次，每次施的水肥量每亩 1500kg 左右。夏茶期间一般不再施肥，以控制茶苗高度，防止徒长，促进分枝。秋季视茶苗长势，酌情施 1 ～ 2 次肥，这时可以干施，在叶片干燥时，将肥料均匀撒在苗床上，并轻轻拂动茶苗，使落在茶苗上的肥料掉到苗床上。干施每亩用量为 5 ～ 6kg（以上两种化肥），施肥后浇水一次，以加快肥效。

4．做好病、虫、草害防治

因为苗圃环境潮湿，扦插苗容易染病，最好在插后立即喷一次波尔多液（每 100L 水加 0.3 ～ 0.35kg 的生石灰和 0.6 ～ 0.7kg 硫酸铜），以后发现病害及时喷药。苗圃茶苗鲜嫩叶，容易招引害虫，特别是靠近生产茶园的苗圃，情况更是严重。茶苗圃常发生的害虫主要有茶蚜、茶小绿叶蝉、茶尺蠖等。在害虫发生季节要经常检查，一旦发现，做好应对措施，进行防治。此外，还要注意防除杂草。杂草要拔早、拔小，如因拔草而松动插穗周围土壤时，应及时压实。

八、苗木检验

茶树苗木均不能携带根结线虫、茶饼病、茶根蚧等危险性病虫害，同时要符合以下苗高、茎粗、侧根数、纯度要求。

（1）无性系大叶品种扦插苗质量指标（表 2-2-3）

表 2-2-3　无性系大叶品种扦插苗质量指标

级别	苗龄	苗高 /cm	茎粗 φ/mm	侧根数 / 根	品种纯度 /%
Ⅰ	一足龄	≥ 30	≥ 4.0	≥ 3	100
Ⅱ	一足龄	≥ 25	≥ 2.5	≥ 2	100

（2）无性系中小叶品种扦插苗质量指标（表 2-2-4）

表 2-2-4　无性系中小叶品种扦插苗质量指标

级别	苗龄	苗高 /cm	茎粗 φ/mm	侧根数 / 根	品种纯度 /%
Ⅰ	一足龄	≥ 30	≥ 3.0	≥ 3	100
Ⅱ	一足龄	≥ 20	≥ 2.0	≥ 2	100

【任务实施】

（1）任务分组：

表 2-2-5　学生任务分配

班级：　　　　　　　　　　　组号 / 组名：　　　　　　指导老师：

序号	姓名	职务	学号	任务分工

（2）根据工作任务要求，制定茶树无性繁育计划，计划包括扦插时间确定、采穗母树园管护、苗圃地整理、扦插操作、茶树幼苗管护。

茶树扦插繁育计划

一、供苗需求确定

1．供苗时间

____

____

2. 供苗量

3. 品种要求

二、扦插季节确定

三、采穗母树确定

四、采穗母树生产产量规划

五、任务实施中存在问题反馈

采穗母树园管护计划

一、采穗母树园管护目的

二、采穗母树园管护的主要内容

三、采穗母树园管护

表 2-2-6 工具和器材清单

序号	名称	单位	数量

表 2-2-7 工作步骤

序号	工作内容	注意事项	负责人

四、任务实施中存在问题反馈

苗圃地整理计划

一、苗圃地选择

二、苗圃地规模确定

三、苗圃地整理时间

四、苗圃地整理要求

五、苗圃地整理实施

表 2-2-8 工具和器材清单

序号	名称	单位	数量

表 2-2-9 工作步骤

序号	工作内容	注意事项	负责人

六、任务实施中存在问题反馈

茶树扦插操作计划

一、扦插时间

二、扦插母穗标准

三、扦插短穗修剪要求

四、扦插密度

五、扦插实施

表 2-2-10 工具和器材清单

序号	名称	单位	数量

表 2-2-11 工作步骤

序号	工作内容	注意事项	负责人

六、任务实施中存在问题反馈

____

____

茶树幼苗管护计划

一、茶树幼苗期管护重点

____

____

二、幼苗期管护

表 2-2-12 工具和器材清单

序号	名称	单位	数量

表 2-2-13　工作步骤

序号	工作内容	注意事项	负责人

三、任务实施中存在问题反馈

____

____

【评价反馈】

根据种子直播育苗情况，教师对学生完成技能情况进行评分（表 2-2-14），满分 100 分。

表 2-2-14　任务实施教师评价

班级：　　　　　　　　　组名：　　　　　　　　　日期：

评价指标	评价要素	分值	评分
信息检索	能有效利用网络资源、工作手册等查找有效信息；能将查找到的信息有效转换到工作中	30	
工作认知	是否熟悉各自的工作岗位，认同工作价值（从工作着装、工作态度进行评价）	10	
参与状态	能与同学、教师进行有效的沟通交流；能处理好合作和独立思考的关系	20	
学习方法	观察是否细致、认真	30	
总结反思	较好地掌握专业知识点，具有严谨的思维能力	10	
合计		100	

【理论测验】

1. 打顶可以加快新梢上部柔软茎部的木质化程度，一般在采穗前__________天打顶。

2. 苗圃地宜为酸性砂壤土，pH 为 __________。

3. 穗条长度最少要达到 __________cm，粗度最少要达到 __________φ/mm。

4. 插穗标准：短茎长__________cm，带有一片成熟的叶片和__________个饱满的腋芽。

5. 扦插行距为__________cm，株距为__________cm。

6. 世代用无性繁育方法繁育的品种有__________。

【拓展训练】

某育苗基地计划育 100 万株茶苗，请从母本园的选择管理、扦插苗圃地及扦插操作等方面做一个扦插育苗方案。

项目三

茶树主要病虫害认识与防治

思维导图

项目三 茶树主要病虫害认识与防治

- 任务一 茶树主要虫害认识与防治
  - 子任务1 茶树食叶性害虫的认识与防治
  - 子任务2 茶树刺吸式害虫的认识与防治
  - 子任务3 金龟甲类害虫识别及防治
  - 子任务4 螨类害虫认识与防治
- 任务二 茶树主要病害认识与防治
  - 子任务1 茶树叶部病害
  - 子任务2 茶树枝干病害茶枝梢黑点病的认识与防治
  - 子任务3 茶苗根部病害茶苗根结线虫病的认识与防治

学习目标

知识目标：了解茶尺蠖、叶蝉类害虫、金龟甲类害虫、螨类害虫的分布及叶蝉类害虫、金龟甲类害虫、螨类害虫的形态特征；了解茶饼病的症状特点、病原形态特征和发病条件；了解茶枝梢黑点病、茶苗根结线虫病的症状特点和发病条件；掌握茶尺蠖卵、蛹、幼虫和成虫的识别特征；熟悉叶蝉类害虫、金龟甲类害虫、螨类害虫的发生规律和为害特点。

技能目标：能使用五点取样法调查茶尺蠖的卵和幼虫基数，能科学防治茶尺蠖；能利用黄板诱集法进行田间病虫害调查；掌握茶饼病、茶枝梢黑点病、茶橙瘿螨、茶苗根结线虫病的防治方法；能制定茶小绿叶蝉、金龟甲的综合防治方案。

素养目标：增强团队协作能力，树立绿色防控理念，增强环境保护意识。

任务一　茶树主要虫害认识与防治

子任务 1　茶树食叶性害虫的认识与防治

基本知识

一、茶尺蠖

（一）茶尺蠖的分布、为害

茶尺蠖又名拱拱虫，主要分布在浙江、江苏、安徽、湖南、湖北、江西和福建等省份，以江南茶区发生最为严重。

图 3-1-1-1　食叶害虫为害后的叶片

以小组为单位，调查茶尺蠖为害茶树、茶园的症状，完成表 3-1-1-1。

表 3-1-1-1　茶尺蠖为害状调查

调查人：＿＿＿＿＿＿＿＿　　　调查时间：＿＿＿＿＿＿＿＿

害虫	为害状	症状图例	学生调查过程性图片（3～5张）	学生小组评价	教师评价
茶尺蠖	以取食茶树嫩叶为主，严重时可将成片茶园食尽，状如火烧，使无茶可采，严重影响茶树的树势和茶叶的产量	  			

（二）茶尺蠖的形态特征

以小组为单位，调查茶尺蠖各个虫态的形态特征，完成表 3-1-1-2。

表 3-1-1-2　茶尺蠖的形态特征调查

调查人：________________　　调查时间：________________

虫态	形态特征	学生调查画出形态特征	学生调查过程性图片（3～5张）	学生小组评价	教师评价
成虫	长 9～12mm，翅展 20～30mm。其成虫长有黑色鳞片，翅面黑色无明显斑纹，仅可见翅脉，全体灰白色，翅面疏被茶褐色鳞片。前翅具有黑褐色内横线、外横线、外缘线和亚外缘线，弯曲成波状纹，外缘有 7 个小黑点				
卵	呈短椭圆形，数量从数十粒到百余粒不等，聚集成堆，卵外覆盖白色絮状物。卵在初产时呈现翠绿色，后慢慢变为黄绿色，灰褐色，在快孵化时呈现黑色				
幼虫	1 龄幼虫：幼虫体黑色，后期呈褐色，各腹节上有许多小白点组成的白色环纹和白色纵线 2 龄幼虫：幼虫体黑褐色至褐色，腹节上的白点消失，后期在第一、第二腹节背面出现 2 个明显的黑色斑点 3 龄幼虫：幼虫体茶褐色，第二腹节背面出现 1 个“八”字形黑纹，第八腹节上有 1 个倒“八”字形黑纹 4～5 龄幼虫：体深褐色，自腹部第二节起背面出现黑色斑纹及双重棱形纹				
蛹	被蛹，形状为长椭圆形，赭褐色。根据研究，不同雌雄虫化蛹的体积也不同				

（三）茶尺蠖的生活习性

茶尺蠖一年发生 5 ～ 6 代，以蛹在茶树根际附近土壤中越冬。成虫有趋光性。卵成堆产于茶树树皮缝隙和枯枝落叶等处。幼虫 1 ～ 2 龄时常集中为害，形成发虫中心； 3 龄幼虫开始分散为害，分布部位也逐渐向下转移；4 龄后开始暴食。幼虫成熟后，爬至茶树根际附近表土中化蛹。

以小组为单位，完成茶尺蠖卵、蛹和幼虫数量的调查，了解茶园茶尺蠖的为害情况。

1．茶尺蠖卵和幼虫数量的调查方法

（1）观察区选择。选择连片种植的两块茶园作为定点调查田。

（2）调查时间。见成虫后。

（3）调查方法。每块茶园采用 Z 形或五点取样法取样。苗期每点采 10 株，全株调查; 成株期每点采 5 株，调查外部 2 ～ 4 层叶片 5 片，将查到的卵块用记号笔标记，供下次查卵时区别新卵块，同时调查幼虫数量和有卵株的数量，计算有卵株率、百株卵块数、卵孵化率和百株虫量。每 5 天调查 1 次。

表 3-1-1-3　茶尺蠖卵和幼虫数量调查

调查人：________________　　调查时间：________________

调查地点	叶片数 / 片	调查株树 / 株	有卵株树 /%	有卵株率 /%	百株卵块数 / 块	平均每块卵粒数 / 粒	孵化卵块数 / 块	孵化率 /%	百株虫量 / 头	学生组间评价	教师评价

2．茶尺蠖越冬基数（蛹数量）调查方法

（1）观察区选择。选择不同类型的茶园 3 ～ 4 块。

（2）调查时间。11 月越冬幼虫入土化蛹后及翌年 2 月初成虫羽化前。

（3）调查方法。采用五点取样法取样或平行跳跃式取样，每块茶园定 30 个样点，每个样点 2 从茶树（密植茶园不少于 0.5m 长茶行），挖取样点茶树基部半径 30cm、深度 5cm 周围土表内的蛹。检查活蛹、死蛹数，计算每 667m^2 越冬蛹基数，调查结果填入表 3-1-1-4。

表 3-1-1-4　茶尺蠖越冬基数调查

调查人：＿＿＿＿＿＿＿＿　　调查时间：＿＿＿＿＿＿＿＿

调查日期	调查地点	调查总面积 /m^2 或茶丛数	蛹数 / 头			蛹密度 /（头 /$667m^2$）	自然死亡率 /%	存活率 /%	学生组间评价	教师评价
			死蛹	活蛹	合计					

（四）茶尺蠖的防治方法

物理防治：利用成虫有强趋光性，到了茶尺蠖的成虫期，可在田间点灯诱捕成虫，以减少其发生量。

农业防治：结合伏耕和冬耕施肥，将根际附近落叶和表土中虫蛹深埋入土。

化学防治：药剂可选用 0.6% 苦参碱水剂 1000 ～ 1800 倍液、2.5% 溴氰菊酯乳油 300 倍液和 4.5% 高效氯氰菊酯乳油 2000 ～ 3000 倍液等进行防治，防治时间应掌握在低龄期喷施。

生物防治：尽量减少茶园化学农药的使用，保护田间的寄生性和捕食性天敌，如茶尺蠖绒茧蜂、蜘蛛、鸟类、茶尺蠖核型多角体病毒、苏云金杆菌等。

图 3-1-1-2　漏斗蛛

以小组为单位，调查茶尺蠖天敌，共同完成表 3-1-1-5。

表 3-1-1-5 茶尺蠖天敌调查

调查人：__________ 调查时间：__________

天敌类型	天敌名称及其特征描述	学生调查过程性图片（3～5张）	学生小组评价	教师评价
寄生蜂类	茶尺蠖绒茧蜂成虫			
	单白绵绒茧蜂成虫			
	单白绵绒茧蜂幼虫成熟后，钻出茶尺蠖躯体，正在结茧			
	单白绵绒茧蜂茧，旁边为死亡的茶尺蠖幼虫			
蜘蛛类	绿腹新园蛛			
	迷宫漏斗蛛			
	机敏漏斗蛛			
微生物类	被圆孢虫疫霉感染的茶尺蠖，左侧为末期（孢子散发后虫尸呈黄褐色），右侧为初期症状（体内长出白色菌丝）			
	被茶尺蠖核型多角体病毒感染的茶尺蠖完全液化腐烂			

二、茶毛虫

（一）茶毛虫的分布、为害

茶毛虫又名茶黄毒蛾、茶毒蛾、油茶毒蛾，俗称毒毛虫、痒辣子、摆头虫等，分布遍及全国各产茶省份，尤以一些老茶区常有发生。茶毛虫在国外主要分布于日本、越南、印度等地。茶毛虫除为害茶外，还为害油茶、山茶、油桐、柑橘、梨、枇杷、柿、樱桃、玉米等。

图 3-1-1-3　茶毒蛾

毒蛾类害虫
认识与防治

以小组为单位，调查茶毛虫为害茶树、茶园的症状，完成表 3-1-1-6。

表 3-1-1-6　茶毛虫为害状调查

调查人：________________　　调查时间：________________

害虫	为害状	学生调查画出形态特征	学生调查过程性图片（3～5张）	学生小组评价	教师评价
茶毛虫	1 龄、2 龄幼虫数十至上百头群居于茶树中下部的叶背，咬食叶片下表皮及叶肉，使叶片呈半透明状 3 龄幼虫食量大增，开始分群转移至茶丛上部 3～4 龄后聚集性减弱，开始分群向茶行两侧迁移，幼虫迁移时排列整齐，头部左右摆动，鱼贯而行 6 龄起进入暴食期，可将茶树叶片取食殆尽。老熟幼虫会排列整齐，从叶片边缘取食，取食顺序为由叶尖向叶基，下部叶向上部叶取食				

（二）茶毛虫的形态特征

以小组为单位，调查茶毛虫各个虫态的形态特征，完成表 3-1-1-7。

表 3-1-1-7　茶毛虫的形态特征调查

调查人：＿＿＿＿＿＿＿＿＿＿　　调查时间：＿＿＿＿＿＿＿＿＿＿

虫态	形态特征	学生调查画出形态特征	学生调查过程性图片（3～5张）	学生小组评价	教师评价
雌成虫	体长 8～13mm，翅展 26～35mm，体黄褐色。前翅浅橙黄色或黄褐色，后翅浅橙黄色或浅黄褐色。腹末有黄色毛丛				
雄成虫	体长 6～10mm，翅展 20～28mm。黄褐色至深茶褐色；翅的颜色有季节性变化。第一、第二代为深茶褐色，第三代为黄褐色，腹末无丛毛，其余特征同雌蛾				
卵	卵粒扁球形，黄白色。卵块椭圆形，数十粒至百余粒集成一块。卵块上覆黄色茸毛，长 8～12mm，宽 5～7mm，多产于叶片、叶背				
幼虫	成熟幼虫体长约 20mm，黄褐色。胸部 3 节稍小。各体节有 8 个黄色（前期）或黑色毛瘤，上生黄褐色毒毛。全体还密生长短不齐的黄色毒毛 1 龄幼虫：初孵化幼虫为浅黄色，体表有黄白色长毛 2 龄幼虫：淡黄色，前胸气门上线的毛瘤呈浅褐色 3 龄幼虫：体色与 2 龄幼虫相同，胸部两侧出现一条褐色浅纹，背上毛瘤变黑 4～7 龄幼虫：黄褐色至土黄色，随着年龄增大，背上毛瘤数量增加，颜色加深				

续表

虫态	形态特征	学生调查画出形态特征	学生调查过程性图片（3～5张）	学生小组评价	教师评价
蛹	长8～12mm，短圆锥形，浅咖啡色，疏被茶褐色毛。蛹外有丝质薄茧，黄褐色，长椭圆形，上有长毛				

（三）茶毛虫的生活习性

茶毛虫一年发生代数因各地气候而异。一般长江以北各茶区、西南茶区及浙江中北部多数茶区一年发生2代，湖南、江西、浙江南部及福建北部一年发生3代，广西、广东、福建南部一年发生4代，台湾、海南一年发生5代。同一茶区的高山茶园与平地茶园发生代数也有差异。

成虫多于下午羽化，白天静伏在茶丛叶背，黄昏后开始活动，19：00～23：00活动最盛，有趋光性，雄蛾较雌蛾趋性强。幼虫多在早晨至中午孵化，孵化盛期一般在始孵后5天左右，幼虫群集性很强，1龄、2龄幼虫常数十头至百余头群聚在卵块附近的叶背上。

1．茶毛虫卵和幼虫数量的调查方法

（1）观察区选择。选择连片种植的两块茶园作为定点调查田。

（2）调查时间。见成虫后。

（3）调查方法。块田采用Z形或五点取样法取样。苗期每点10株，全株调查；成株期每点5株，调查外部2～4层叶片5片，将查到的卵块用记号笔标记，供下次查卵时区别新卵块，同时调查幼虫数量和有卵株数，计算有卵株率、百株卵块数、卵孵化率和百株虫量，结果填入表3-1-1-8中。每5天调查1次。

表3-1-1-8　茶毛虫卵和幼虫数量调查

调查人：____________　　调查时间：____________

调查地点	叶片数/片	调查株树/株	有卵株树/%	有卵株率/%	百株卵块数/块	平均每块卵粒数/粒	孵化卵块数/块	孵化率/%	百株虫量/头	学生组间评价	教师评价

2．茶毛虫越冬基数（蛹数量）调查方法

（1）观察区选择。选择不同类型的茶园 3 ～ 4 块。

（2）调查时间。11 月越冬幼虫入土化蛹后及翌年 6 月初成虫羽化前。

（3）调查方法。用五点取样法取样或平行跳跃式取样，每块茶园定 30 个样点，每个样点 2 丛茶树（密植茶园不少于 0.5m 长茶行），挖取样点茶树基部半径 30cm、深度 5cm 周围土表内的蛹。检查活蛹、死蛹数，计算每 667m^2 越冬蛹基数，调查结果填入表 3-1-1-9 中。

表 3-1-1-9　茶毛虫越冬基数调查

调查人：________________　　调查时间：________________

调查日期	调查地点	调查总面积 /m^2 或茶丛数	蛹数 / 头			蛹密度 /（头 /667m^2）	自然死亡率 /%	存活率 /%	学生组间评价	教师评价
			死蛹	活蛹	合计					

（四）茶毛虫的防治方法

物理防治：当年 11 月至翌年 4 月，摘除越冬卵块，并保护寄生蜂；捕杀幼虫；用诱虫灯、性诱剂诱蛾。

农业防治：结合中耕培土适时灭蛹。

化学防治：最好在幼虫 3 龄以前进行化学防治。可用 90% 晶体敌百虫或 50% 马拉硫磷乳剂、25% 亚胺硫磷乳剂、50% 杀螟硫磷可湿性粉剂 1000 ～ 2000 倍液或 80% 敌敌畏乳剂 2000 ～ 3000 倍液。

生物防治：用每克含 150 亿个孢子青虫菌粉 500 倍液进行防治。大量减少茶园化学农药的使用，保护田间的寄生性和捕食性天敌，其天敌主要有微生物类、寄生蜂类以及蜘蛛类。

以小组为单位，调查茶毛虫天敌，共同完成表 3-1-1-10。

表 3-1-1-10　茶毛虫天敌调查

调查人：________　　调查时间：________

天敌类型	天敌简述	学生调查画出形态特征	学生调查过程性图片（3～5张）	学生小组评价	教师评价
寄生蜂类	寄生蜂类主要寄生于卵和幼虫内。寄生蜂将卵产于茶黄毒蛾卵内或者幼虫体内，寄生蜂幼虫在其中摄取营养并发育，最终杀死宿主，达到灭虫目的	赤眼蜂 茶毛虫黑卵蜂 茶毛虫绒茧蜂			
蜘蛛类	蜘蛛能捕食茶毛虫的幼虫、蛹和成虫	白斑猎蛛 褶管巢蛛 斜纹猫蛛 黄褐新园蛛 茶色新园蛛 迷宫漏斗蛛			
微生物类	茶毛虫核型多角病毒、苏云金杆菌、球孢白僵菌是三种比较成熟的微生物天敌，目前已被开发成农药药剂使用。微生物农药对哺乳动物安全，但是杀虫较慢，应该在虫害早期使用	苏云金杆菌			

三、茶刺蛾

（一）茶刺蛾的分布、为害

茶刺蛾又称茶奕刺蛾、茶角刺蛾，属鳞翅目刺蛾科，是茶树上一种主要的食叶害虫。

茶刺蛾在我国主要产茶区均有分布。幼虫刺毛能分泌毒汁，人体皮肤触及后会引起红肿疼痛。

刺蛾类害虫认识与防治

以小组为单位，调查茶刺蛾为害茶树、茶园的症状，完成表 3-1-1-11。

表 3-1-1-11　茶刺蛾为害状调查

调查人：＿＿＿＿＿＿＿＿　　调查时间：＿＿＿＿＿＿＿＿

害虫	为害状	学生调查画出形态特征	学生调查过程性图片（3～5张）	学生小组评价	教师评价
茶刺蛾	以幼虫取食叶片为害茶树，影响茶树生长和茶叶产量				

（二）茶刺蛾的形态特征

以小组为单位，观察茶刺蛾各个虫态的形态特征，完成表 3-1-1-12。

表 3-1-1-12　茶刺蛾的形态特征调查

调查人：＿＿＿＿＿＿＿＿　　调查时间：＿＿＿＿＿＿＿＿

虫态	形态特征	学生调查画出形态特征	学生调查过程性图片（3～5张）	学生小组评价	教师评价
成虫	体长 12～16mm，翅展 24～30 mm。体和前翅浅灰红褐色，翅面具雾状黑点，有 3 条暗黑褐色斜线；后翅灰褐色，近三角形				
卵	扁椭圆形，黄白色半透明				
幼虫	长椭圆形，背部隆起，黄绿色至绿色；背线蓝绿色，部分个体中部有 1 个红褐色或淡紫色菱形斑，气门线上有一列红点；各体节有两对刺突，分别着生于亚背线上方和气门线上方；体背第二对与第三对刺突之间有 1 个绿色或红紫色肉质角状突起，明显斜向前方。幼虫 6～7 龄，最长时体长 30～35mm				
蛹	椭圆形，淡黄色。茧卵圆形，褐色				

（三）茶刺蛾的生活习性

茶刺蛾以老熟幼虫在茶树根际落叶或表土中结茧越冬。成虫趋光性较强。卵散产于茶丛中、下部叶片背面叶缘处。1～3龄幼虫活动性弱，一般停留在卵壳附近取食茶树叶片下表皮及叶肉；4龄后取食叶片成缺口，并逐渐向茶丛中、上部转移，5龄起可食尽全叶，但一般取食叶片的2/3后，即转取食其他叶片。

在浙江、江西、湖南、广东一年发生3代，在广西一年发生4代。在江西，越冬幼虫于翌年4月化蛹，5月羽化。各代幼虫分别在5月下旬至6月上旬，7月中下旬和9月中下旬盛发。3代区常以第二代发生较多，7～8月往往为害较重。自然种群受寄生蝇、姬蜂、螨类、真菌和核型多角体病毒等天敌的调控。

1．茶刺蛾卵和幼虫数量的调查方法

（1）观察区选择。选择连片种植的两块茶园作为定点调查田。

（2）调查时间。见成虫后。

（3）调查方法。块田采用Z形或五点取样法取样。苗期每点10株，全株调查；成株期每点5株，调查外部2～4层叶片5片，将查到的卵块用记号笔标记，供下次查卵时区别新卵块，同时调查幼虫数量和有卵株数，计算有卵株率、百株卵块数、卵孵化率和百株虫量，结果填入表3-1-1-13中。每5天调查1次。

表3-1-1-13　茶刺蛾卵和幼虫数量调查

调查人：__________　　调查时间：__________

调查地点	叶片数/片	调查株树/株	有卵株树/%	有卵株率/%	百株卵块数/块	平均每块卵粒数/粒	孵化卵块数/块	孵化率/%	百株虫量/头	学生组间评价	教师评价

2．茶刺蛾越冬基数（蛹数量）调查方法

（1）观察区选择。选择不同类型的茶园3～4块。

（2）调查时间。11月越冬幼虫入土化蛹后及翌年5月初成虫羽化前。

（3）调查方法。用五点取样法取样或平行跳跃式取样，每块茶园定30个样点，每个样点2丛茶树（密植茶园不少于0.5m长茶行），挖取样点茶树基部半径30cm、深5cm周围土表内的蛹，检查活蛹、死蛹数，计算每667m^{2}越冬蛹基数，调查结果填入表3-1-1-14中。

表 3-1-1-14　茶刺蛾越冬基数调查

调查人：＿＿＿＿＿＿＿＿　　调查时间：＿＿＿＿＿＿＿＿

调查日期	调查地点	调查总面积 /m^2 或茶丛数	蛹数 / 头			蛹密度 /（头 /667m^2）	自然死亡率 /%	存活率 /%	学生组间评价	教师评价
			死蛹	活蛹	合计					

（四）茶刺蛾的防治方法

农业防治：人工清园灭茧；在茶树越冬期，结合施肥和翻耕清除或深埋蛹茧，减少翌年害虫的发生量。

物理防治：利用茶刺蛾成虫的趋光性，安装杀虫灯诱杀成虫。

化学防治：在 1 ～ 3 龄幼虫发生期喷施 2.5% 高效氯氟氰菊酯乳油 2000 ～ 3000 倍液进行防治。

生物防治：用 0.6% 苦参碱水剂 800 ～ 1000 倍液等生物农药进行防治。

蓑蛾类害虫认识与防治

四、茶蓑蛾

（一）茶蓑蛾的分布、为害

茶蓑蛾为害最重，分布最广。

以小组为单位，调查茶蓑蛾为害茶树、茶园的症状，完成表 3-1-1-15。

表 3-1-1-15　茶蓑蛾为害状调查

调查人：＿＿＿＿＿＿＿＿　　调查时间：＿＿＿＿＿＿＿＿

害虫	为害状	学生调查画出形态特征	学生调查过程性图片（3 ～ 5 张）	学生小组评价	教师评价
茶蓑蛾	低龄幼虫取食叶肉，留下表皮形成枯斑。中大龄幼虫取食叶片呈孔洞、缺刻，或为害整个芽梢或嫩茎				

（二）茶蓑蛾的形态特征

以小组为单位，调查茶蓑蛾各个虫态的形态特征，完成表 3-1-1-16。

表 3-1-1-16　茶蓑蛾的形态特征调查

调查人：＿＿＿＿＿＿＿＿　　调查时间：＿＿＿＿＿＿＿＿

虫态	形态特征	学生调查画出形态特征	学生调查过程性图片（3～5张）	学生小组评价	教师评价
雌成虫	雌成虫无翅，移动性较小，蛆状，头红棕或咖啡色，胸、腹部乳白色，体长 12～15mm				
雄成虫	雄蛾体长 11～15mm，翅展 20～30mm，暗褐至茶褐色，胸背鳞毛长，有 3 条深色纵纹				
卵	椭圆形，淡黄白色，长 0.6～0.8mm				
幼虫	体长 16～26mm，头黄褐色，颅侧有黑褐色并列斜纹。体暗肉红色至灰黄棕色				
蛹	雄蛹体长 10～13mm，咖啡色至赤褐色；雌蛹蛆蛹状，咖啡色，长 14～18mm				

（三）茶蓑蛾的生活习性

各地大都一年发生 1～2 代，福建、广东、台湾可发生 3 代，均以非老熟或 2～4 龄幼虫越冬。气温稍暖即活动为害，常致局部春茶无收。非越冬代 7～8 月盛发为害夏、秋茶。

幼虫孵化后，在母囊内停留 2～3 天食去卵壳，而后多在午后成批自母囊下口涌出，或爬行或吐丝飘至枝叶上，随即营造蓑囊护身。先绕胸吐丝作丝环，并咬取叶屑粘缀，状如颈圈，而后不断后移加长，护裹整个虫体。

秋季气温关系到越冬幼虫虫龄的大小，早春回暖的迟早关系到越冬幼虫复苏为害，2 月以后当气温升至 10℃时开始暴食，局部茶树越冬芽常被食光。

茶蓑蛾有蓑囊保护较为耐旱，雨湿则阻碍其活动取食，封囊停息，且易罹发疾病。雨水冲击常致初孵幼虫大量死亡。

风能帮助低龄幼虫自乔木树上向茶园扩散，靠近行道树的茶园往往虫口较多。光主要对乔木树上的虫口有影响，幼虫喜光，易向枝梢上聚集。在桃树上检查发现，距梢顶 30cm 内虫口占 60.5%，越向下越少。

1．茶蓑蛾卵和幼虫数量的调查方法

（1）观察区选择。选择连片种植的两块茶园作为定点调查田。

（2）调查时间。见成虫后。

（3）调查方法。每块茶园采用 Z 形或五点取样法取样。苗期每点采 10 株，全株调查；成株期每点采 5 株，调查外部 2 ～ 4 层叶片 5 片，将查到的卵块用记号笔标记，供下次查卵时区别新卵块，同时调查幼虫数量和有卵株数，计算有卵株率、百株卵块数、卵孵化率和百株虫量，结果填入表 3-1-1-17 中。每 5 天调查 1 次。

表 3-1-1-17　茶蓑蛾卵和幼虫数量调查

调查人：____________　　调查时间：____________

调查地点	叶片数/片	调查株树/株	有卵株树/%	有卵株率/%	百株卵块数/块	平均每块卵粒数/粒	孵化卵块数/块	孵化率/%	百株虫量/头	学生组间评价	教师评价

2．茶蓑蛾越冬基数（蛹数量）调查方法

（1）观察区选择。选择不同类型的茶园 3 ～ 4 块。

（2）调查时间。11 月越冬幼虫入土化蛹后及翌年 6 月初成虫羽化前。

（3）调查方法。采用五点取样法取样或平行跳跃式取样，每块茶园定 30 个样点，每个样点 2 丛茶树（密植茶园不少于 0.5m 长茶行），挖取样点茶树基部半径 30cm、深 5cm 周围土表内的蛹，检查活蛹、死蛹数，计算每 667m^2 越冬蛹基数，调查结果填入表 3-1-1-18 中。

表 3-1-1-18　茶蓑蛾越冬基数调查

调查人：＿＿＿＿＿＿＿＿　　调查时间：＿＿＿＿＿＿＿＿

调查日期	调查地点	调查总面积 /m^2 或茶丛数	蛹数 / 头			蛹密度 /（头 /667m^2）	自然死亡率 /%	存活率 /%	学生组间评价	教师评价
			死蛹	活蛹	合计					

（四）茶蓑蛾的防治方法

茶蓑蛾防治重在查明“发虫中心”，应将其消灭于初发阶段和幼龄虫期。

物理防治：冬季逐行检查摘除蓑囊。

生物防治：低龄幼虫期喷施苏云金杆菌或白僵菌菌液（浓度为 0.5 亿～1.0 亿孢子 / mL）；结合林果种植招引益鸟食虫；保护和利用天敌，如蓑蛾瘤姬蜂、野蚕黑瘤姬蜂、松毛虫埃姬蜂、桑蟥聚瘤姬蜂、广大腿小蜂、红尾追寄蝇等。

图 3-1-1-4　姬蜂

以小组为单位，调查茶蓑蛾天敌，共同完成表 3-1-1-19。

表 3-1-1-19　茶蓑蛾天敌调查

调查人：＿＿＿＿＿＿＿＿　　调查时间：＿＿＿＿＿＿＿＿

天敌类型	天敌名称	学生调查画出形态特征	学生调查过程性图片（3～5张）	学生小组评价	教师评价
姬蜂类	蓑蛾瘤姬蜂 野蚕黑瘤姬蜂 松毛虫埃姬蜂				

五、茶小卷叶蛾

卷叶蛾类害虫认识与防治

（一）茶小卷叶蛾的分布、为害

茶小卷叶蛾又称小黄卷叶蛾、棉褐带卷叶蛾，属鳞翅目卷叶蛾科，是茶树上一种主要的食叶害虫。

以小组为单位，调查茶小卷叶蛾为害茶树、茶园的症状，完成表 3-1-1-20。

表 3-1-1-20　茶小卷叶蛾为害状调查

调查人：__________　　调查时间：__________

害虫	为害状	学生调查画出形态特征	学生调查过程性图片（3～5张）	学生小组评价	教师评价
茶小卷叶蛾	以幼虫吐丝卷叶为害，留下表皮，形成透明枯斑，后期将邻近数叶结成较大虫苞，匿居苞中咬食叶肉为害，使被害茶树芽叶生长受阻，影响茶叶质量和品质				

（二）茶小卷叶蛾的形态特征

以小组为单位，调查茶小卷叶蛾各个虫态的形态特征，完成表 3-1-1-21。

表 3-1-1-21　茶小卷叶蛾的形态特征调查

调查人：__________　　调查时间：__________

虫态	形态特征	学生调查画出形态特征	学生调查过程性图片（3～5张）	学生小组评价	教师评价
雌成虫	体长 6～8mm，翅展 15～22mm，淡黄褐色。前翅近长方形，散生褐色细纹，有 3 条明显的深褐色斜行带纹，分别在翅基、翅中部和翅尖，翅中部带纹呈 h 形				
雄成虫	翅基部褐带宽而明显。后翅灰黄色，外缘稍褐色				

续表

虫态	形态特征	学生调查画出形态特征	学生调查过程性图片（3～5张）	学生小组评价	教师评价
卵	扁平，椭圆形，淡黄色。卵块扁平，近似椭圆形，由数十粒至百余粒呈鱼鳞状排列，表面覆有透明胶质物				
幼虫	幼虫成熟后体长10～20mm，体绿色，头部黄褐色				
蛹	初为绿色，后为黄褐色				

（三）茶小卷叶蛾的生活习性

茶小卷叶蛾以老熟幼虫在虫苞中越冬。一年发生代数各地略有差异，在贵州发生4代，在长江中下游地区发生5代，在广东发生6～7代、台湾发生8～9代。

成虫有趋光性。卵成块产于茶树中下部成叶、老叶背面。幼虫孵出后向上爬至芽梢或吐丝随风飘至附近枝梢上，潜入芽尖缝隙内或初展嫩叶端部、边缘吐丝卷结匿居，咀食叶肉。3龄后将邻近2叶至数叶结成虫苞，在苞内咀食，受害叶片出现明显的透明枯斑。随虫龄增大，由蓬面逐渐转向茶树中下部为害成叶或老叶。在茶园中有明显的发病中心。幼虫十分活泼，3龄后受惊常弹跳坠地逃脱，老熟后即在虫苞内化蛹。

茶小卷叶蛾最适宜的环境为旬平均温度18～26℃，相对湿度80%以上。在适温范围内，湿温系数≥3，孵化率高达90%以上；湿温系数＜2，则极少甚至不孵化。夏季高温干旱，虫口密度下降，秋季若多雨水，虫口密度又会有所回升。茶丛密植郁闭、芽叶繁茂，特别是留养的茶园，一般虫口密度较大。不同茶树品种的受害程度也有一定差异，云南大叶种和水仙种受害较重，且虫害发生较早。

1．茶小卷叶蛾卵和幼虫数量的调查方法

（1）观察区选择。选择连片种植的两块茶园作为定点调查田。

（2）调查时间。见成虫后。

（3）调查方法。每块茶园采用Z形或五点取样法取样。苗期每点采10株，全株调查；成株期每点采5株，调查外部2～4层叶片5片，将查到的卵块用记号笔标记，供下次查卵时区别新卵块，同时调查幼虫数量和有卵株数，计算有卵株率、百株卵块数、卵孵化率和百株虫量，结果填入表3-1-1-22中。每5天调查1次。

表 3-1-1-22　茶小卷叶蛾卵和幼虫数量调查

调查人：＿＿＿＿＿＿＿＿　　调查时间：＿＿＿＿＿＿＿＿

调查地点	叶片数/片	调查株树/株	有卵株树/%	有卵株率/%	百株卵块数/块	平均每块卵粒数/粒	孵化卵块数/块	孵化率/%	百株虫量/头	学生组间评价	教师评价

2．茶小卷叶蛾越冬基数（蛹数量）调查方法

（1）观察区选择。选择不同类型的茶园 3 ～ 4 块。

（2）调查时间。11 月越冬幼虫入土化蛹后及翌年 4 月初成虫羽化前。

（3）调查方法。采用五点取样法取样或平行跳跃式取样，每块茶园定 30 个样点，每个样点 2 丛茶树（密植茶园不少于 0.5m 长茶行），挖取样点茶树基部半径 30cm、深 5cm 周围土表内的蛹，检查活蛹、死蛹数，计算每 667m^2 越冬蛹基数，调查结果填入表 3-1-1-23 中。

表 3-1-1-23　茶小卷叶蛾越冬基数调查

调查人：＿＿＿＿＿＿＿＿　　调查时间：＿＿＿＿＿＿＿＿

调查日期	调查地点	调查总面积/m^{2}或茶丛数	蛹数/头			蛹密度/（头/667m^2）	自然死亡率/%	存活率/%	学生组间评价	教师评价
			死蛹	活蛹	合计					

（四）茶小卷叶蛾的防治方法

物理防治：幼龄幼虫期结合采摘灭虫；平时结合修剪剪除虫苞。

生物防治：剪下的有虫苞叶，放在寄生蜂保护器内让天敌飞回茶园再作适当处理。

在天敌寄生高峰期，尽量不施农药。

化学防治：卷叶虫类因有虫苞，药剂不易杀伤，必须及早防治，通常可在幼虫盛孵期或幼龄期喷药。喷药时注意将虫苞喷湿，最好加入少量肥皂水或煤油。

【理论测验】

（一）选择题

1. 茶小卷叶蛾（　　）。

A. 成虫夜间都在叶背、草丛处静伏

B. 成虫于旱条件下产卵量大

C. 成虫对糖醋液有很强的趋性

D. 孵化后幼虫在茶园洼处为害

2. 具有咀嚼式口器的害虫是（　　）。

A. 茶蚜　　B. 茶毛虫　　C. 茶小绿叶蝉　　D. 茶黄螨

3. 夜晚利用高压频振灯来诱杀茶树上的害虫，是利用害虫的（　　）特性。

A. 趋化性　　B. 趋湿性　　C. 趋粪性　　D. 趋光性

4. 以下属于茶树害虫生物防治法的是（　　）。

A. 天敌昆虫的利用　　B. 农药的合理使用

C. 选用抗虫品种　　D. 利用高频电流、激光等防治害虫

5. 幼虫吐丝卷结嫩叶卷成三角苞匿居取食的是（　　）。

A. 茶尺蠖　　B. 茶毛虫　　C. 茶细蛾　　D. 茶蓑蛾

（二）判断题

1. 可利用赤眼蜂来防治卷叶蛾。（　　）

2. 苏云金杆菌制剂可用于防治鳞翅目害虫。（　　）

3. 茶小卷叶蛾以小幼虫在茶树皮缝、树断面缝隙内结白色薄茧越冬。（　　）

4. 黄板诱杀是利用害虫的假死性这一特性。（　　）

5. “预防为主，综合防治”是我国的植保方针，但不一定适用于每一种病虫害的防治。（　　）

【拓展训练】

调查当地茶小卷叶蛾的发生规律，制定茶小卷叶蛾的防治方案。

子任务 2　茶树刺吸式害虫的认识与防治

基本知识

一、假眼小绿叶蝉

（一）假眼小绿叶蝉的分布、为害

假眼小绿叶蝉别名假眼小绿浮尘子、叶跳虫，是我国茶区分布最广、为害最重的一种茶树害虫，以成虫和若虫吸取汁液为害茶树，导致茶树芽叶失水、生长迟缓、焦边和焦叶，造成茶叶减产、品质下降。

叶蝉类害虫认识与防治

以小组为单位，调查假眼小绿叶蝉为害茶树、茶园的症状，完成表 3-1-2-1。

表 3-1-2-1　假眼小绿叶蝉为害状调查

调查地点：　　　　　　　调查小组：　　　　　　　调查日期：

害虫	为害状	学生调查画出形态特征	学生调查过程性图片（3～5张）	学生小组评价	教师评价
假眼小绿叶蝉	主要以成虫、若虫刺吸茶树叶片嫩梢汁液为害，使芽叶卷曲、萎缩、硬化，叶尖、叶缘红褐焦枯或嫩叶枯落，嫩梢短小、畸形；尤其小苗、幼株及修剪、台刈后萌发的新梢常被害至枯死。雌成虫产卵于嫩梢茎内，致使茶树生长受阻。全年以夏茶受害最重				

（二）新梢被害率及危害程度调查

在被观测点茶园随机调查至少 30 个样点，每样点 $0.1m^2$ 茶丛，用边长为 0.33m 的正方形铁丝框套在调查点茶树采摘冠面上，并按表 3-1-2-2 的新梢受茶小绿叶蝉为害程度分级，调查框内茶叶新梢数和被害新梢数，填写表 3-1-2-3。

表 3-1-2-2　茶树新梢受茶小绿叶蝉为害程度分级标准

级别	症状
0 级	未受害，芽叶生长正常
1 级	湿润期，受害芽叶出现湿润状斑，已展叶出现失水，露水干后呈凋萎状
2 级	红脉期，芽叶严重失水，展叶叶脉发红或叶片皱缩，但未见有枯焦状
3 级	焦边期，芽叶叶脉发红，叶片皱缩，靠近芽的第一片和第二片叶尖出现枯焦
4 级	枯焦期，“焦头”“焦边”不断向全叶扩张，直至全叶枯焦，甚至脱落，如同火烧

表 3-1-2-3　假眼小绿叶蝉新梢被害率及被害程度调查记录

调查地点：　　　　　　　　　　　　　　　　调查小组：

调查日期	样点数	新梢数	1 级被害梢		2 级被害梢		3 级被害梢		4 级被害梢		被害梢数	新梢被害率/%
			个数	被害率/%	个数	被害率/%	个数	被害率/%	个数	被害率/%		

（三）假眼小绿叶蝉的形态特征

以小组为单位，调查假眼小绿叶蝉各个虫态的形态特征，完成表 3-1-2-4。

表 3-1-2-4　假眼小绿叶蝉的形态特征调查

调查地点：　　　　　　　调查小组：　　　　　　　调查日期：

虫态	形态特征	图例	学生调查过程性图片（3～5张）	学生小组评价	教师评价
成虫	呈淡绿至黄绿色。头顶有 2 个绿点，头前有 2 个绿色圈（假单眼），复眼灰褐色。中胸小盾板有白色条带，横刻平直。前翅前缘基部色较深，绿色，翅端部透明无色或浅烟褐色，第三端室长三角形，前后两端脉基部起自一点。足与体同色，但胫节端部及跗节为绿色				

续表

虫态	形态特征	图例	学生调查过程性图片（3～5张）	学生小组评价	教师评价
卵	新月形，乳白至淡绿色				
若虫	若虫5龄，初期乳白色，后渐转黄绿色，三龄时翅芽始露				

（四）假眼小绿叶蝉的发生规律与习性

假眼小绿叶蝉在长江流域茶区一年发生 9 ～ 11 代，福建发生 11 ～ 12 代，广东发生 12 ～ 13 代。在长江中下游茶区，一般以成虫在茶丛内的叶背上或在冬作豆类、绿肥、杂草上越冬；福建南部在冬天常能查到若虫；广东、广西、海南则各虫态均可越冬。

图 3-1-2-1　小绿叶蝉若虫

卵散产于嫩茎皮层内，一般年份有 2 个虫口高峰。第一个高峰期在 5 月下旬至 7 月中下旬，以 6 月虫量最为集中，主要为害夏茶；第二个高峰期在 8 月中下旬至 11 月下旬，以 9 ～ 10 月虫量较多，主要为害秋茶。高山茶区只有 1 个危害高峰，在 7 ～ 9 月。留养茶园、幼龄茶园及管理差的茶园假眼小绿叶蝉发生严重。

1. 假眼小绿叶蝉卵和若虫数量的调查方法

（1）系统调查法

① 调查时间和频次。4 ～ 10 月开展诱测，每 7 天调查 1 次。

② 调查方法。采用黄板诱集法：选取代表性茶园 3 块，按五点取样法取样，每样点布置 1 张黄板进行诱集，越冬和早春虫口少时可直接人工计数，每次计数后，应及时清除黄板上叶蝉虫体或更换黄板，以免虫口数重复统计；当黄板上诱集虫口数较多时（50 头以上）可采用相机拍照，再借助电脑（软件）计数的方法进行点数，

将结果记录于表 3-1-2-5 中，并将其计算成每平方厘米黄板诱集虫数。诱集时，黄板分别设置于茶蓬上方 10cm 左右，采用单面诱集，便于计数或拍照计数。叶蝉发生期的虫口高峰期临界值为 0.124 头 /cm^2（供参考）。

图 3-1-2-2　茶园黄板诱集

表 3-1-2-5　黄板监测小绿叶蝉记录

调查地点：　　　　　　　　　　　　　　调查小组：

调查日期	茶园类型	样点	每样点		黄板诱集虫口密度	备注
			黄板面数	成虫虫口数		

（2）大田普查

① 调查时间。每年 11 月中下旬和翌年 2 月下旬至 3 月上旬各调查 2 次。始盛期至盛期（5 月中下旬至 6 月中下旬、9 月中下旬至 10 月中下旬）各普查 1 ～ 2 次。

② 调查方法。盆拍法：选择代表性茶园 3 块，每一类型茶园面积≥ 2 亩。采用 5 点取样法，每块田每样点拍 3 盆。在调查点处将 1 个内径为 33cm 的塑料盆平接于茶丛下方，用木棍拍打茶丛 4 下，拍打轻重应一致，立即清点落于盆内的叶蝉成虫、若虫和蜘蛛等天敌的数量，分别记录于表 3-1-2-6 中。

表 3-1-2-6　茶小绿叶蝉田间虫量调查记录表（盆拍法）

调查地点：　　　　　　　　　　　调查小组：　　　　　　　　　调查时间：

调查日期	茶园类型	调查总面积 /m^2 或茶丛数	样点数 / 盆	虫数			虫口密度 /（头 /667m^2）	天敌数			天气	备注
				成虫数	若虫数	合计		蜘蛛	瓢虫	其他		

虫口密度计算公式：$M = X \times \frac{10000}{S} \times 666.7$

式中，M 代表面积为 667m^2 虫量（头）；S 代表盆子的面积（cm^2）；X 代表实际调查的平均每盆虫口数（头）。

2．假眼小绿叶蝉越冬基数调查法

（1）观察区选择。选择有代表性的不同类型茶园各 1 ～ 2 块，按五点法取样或平行跳跃式取样，每个调查地块取样不少于 30 个样点。

（2）调查时间。于上一年秋茶停采后至当年 3 月调查，当平均气温降低到 10℃和回升到 10℃后各调查 1 次。

（3）调查方法。采用盆拍法调查：将 1 个内径为 33cm 的塑料盆平接于茶丛下方，迅速用手拍打茶丛 4 下，各调查点的拍打轻重应一致，立即清点盆口的成虫和若虫数。计算每 667m^2 茶蓬面的虫量，调查结果填入表 3-1-2-7 中。

表 3-1-2-7　假眼小绿叶蝉越冬基数调查

调查地点：　　　　　　　　　　　　　　　调查小组：

调查日期	茶园类型	调查总面积 /m^2 或茶丛数	虫数 / 头			虫口密度 /（头 /667m^2）	自然死亡率 /%	存活率 /%
			成虫数	若虫数	合计			

（五）假眼小绿叶蝉的防治方法

第一峰到来前每平方米虫量超过 15 头；第二峰到来前每平方米虫量超过 27 头。生产中，应根据当地当时茶园天敌种类和数量进行适当调整防治方法。

物理防治：利用成虫的强趋光性，在假眼小绿叶蝉的成虫期诱虫灯诱杀成虫，以减少其发生量。

农业防治：结合伏耕和冬耕施肥，将根际附近落叶表土中虫蛹深埋入土。

化学防治：将 10% 氯氰菊酯乳油 300 ～ 375mL/hm^2 稀释 3000 ～ 4000 倍进行防治，在低龄期喷施，安全间隔期为 7 天。

尽量减少茶园化学农药的使用，保护田间的寄生性和捕食性天敌，如绒茧蜂、蜘蛛、鸟类、核型多角体病毒、苏云金杆菌等。

（六）任务测评

任务测评表示例如下（表 3-1-2-8）。

表 3-1-2-8　任务测评表

序号	项目成绩	优	良	中	差
1	调查数据				
2	工作态度				
3	团队合作				
4	操作过程				

二、碧蛾蜡蝉

（一）碧蛾蜡蝉的分布、为害

碧蛾蜡蝉主要分布在山东、江苏、上海、浙江、江西、湖南、福建、广东、广西、海南、四川、贵州、云南等省份。

以小组为单位，调查碧蛾蜡蝉为害茶树、茶园的症状，完成表 3-1-2-9。

表 3-1-2-9　碧蛾蜡蝉为害状调查

调查地点：　　　　　　　　调查小组：　　　　　　　　调查日期：

害虫	为害状	学习调查画出形态特征	学生调查过程性图片（3 ～ 5 张）	学生小组评价	教师评价
碧蛾蜡蝉	以若虫和成虫吸取嫩茎、嫩叶的汁液为害，同时排泄“蜜露”导致煤污病				

（二）碧蛾蜡蝉的形态特征

以小组为单位，调查碧蛾蜡蝉各个虫态的形态特征，完成表 3-1-2-10。

表 3-1-2-10 碧蛾蜡蝉的形态特征调查

调查地点： 调查小组： 调查日期：

虫态	形态特征	学生调查画出形态特征	学生调查过程性图片（3～5张）	学生小组评价	教师评价
成虫	体长 6～8 mm，至翅尖约 13 mm。前翅近长方形，外缘平直，粉绿至玉绿色。胸背有 4 条红褐色纵纹，中间两条略长而明显				
卵	乳白色，长 1.5mm，纺锤形，一端较尖，一侧略平，有两条纵沟，一侧中后呈鳍状突起				
若虫	若虫共 4 龄，体淡，体背满被白色蜡质絮状物，腹末有一束白绢状长蜡丝				

（三）碧蛾蜡蝉的发生规律与习性

碧蛾蜡蝉一般一年发生 1 代，广东、广西发生 2 代，以卵在茶树枝梢表皮组织内越冬。翌年 5 月上旬越冬卵开始孵化，5 月中旬盛孵，6 月中下旬成虫盛发。7 月中旬开始产卵，8 月上中旬后成虫陆续消失。成虫、若虫均活泼善跳，多静伏在新梢上刺吸为害，少数则栖于叶背。成虫寿命较长。若虫共 4 龄，各龄均固定一处取食，并分泌白色蜡质絮状物覆盖虫体，外观像一堆棉絮状物。

蜡蝉类害虫认识与防治

图 3-1-2-3 碧蛾蜡蝉

1．碧蛾蜡蝉卵和若虫数量的调查方法

（1）观察区选择。选择连片种植的两块茶园作为定点调查田。

（2）调查时间。5 月中旬盛孵，6 月中下旬成虫盛发。

（3）调查方法。每茶园采用 Z 形或五点取样法取样。苗期每点采 10 株，全株调查；成株期每点采 5 株，调查茶树新梢，将调查结果填入表 3-1-2-11 中。

表 3-1-2-11　碧蛾蜡蝉卵和幼虫数量调查

调查地点：　　　　　　调查小组：　　　　　　茶园类型：

调查地点	叶片数/片	调查株树/株	有卵株树/%	有卵株率/%	百株卵块数/块	平均每块卵粒数/粒	孵化卵块数/块	孵化率/%	百株虫量/头	学生组间评价	教师评价

2．碧蛾蜡蝉越冬基数调查法

（1）观察区选择。选择不同类型的茶园 3 ～ 4 块。

（2）调查时间。11 月越冬后及翌年 5 月初。

（3）调查方法。采用五点法取样或平行跳跃式取样，每块茶园定至少 30 个样点，每个样点 2 丛茶树（密植茶园不少于 0.5m 长茶行），在茶树的枝梢上检查活卵、死卵数，计算每 667m^2 越冬卵基数，调查结果填入表 3-1-2-12 中。

表 3-1-2-12　碧蛾蜡蝉越冬基数调查

调查地点：　　　　　　调查小组：

调查日期	茶园类型	调查总面积/m^{2}或茶丛数	卵数/头			卵密度/（头/667m^2）	自然死亡率/%	存活率/%	学生组间评价	教师评价
			死卵	活卵	合计					

（四）茶园蜡蝉类的防治方法

物理防治：在成虫发生盛期，可用捕虫网捕杀。

农业防治：蜡蝉均产卵在枝梢中，产卵痕明显，可在秋末和早春结合茶园修剪，剪除产卵虫梢，带出园外销毁，以减少虫口基数。

化学防治：虫盛发期喷施 80% 敌敌畏乳油 1500 ～ 2000 倍液、50% 马拉硫磷乳油 1000 ～ 1500 倍液、40% 乐果乳油 2500 倍液或 25% 亚胺硫磷乳油 800 倍液均有防效，但须注意将茶丛中上部叶片背面喷湿。

生物防治：茶园严禁捕鸟，人工迁放捕食性昆虫，在蜘蛛和天敌昆虫多时，尽量减少药剂的使用，以充分发挥天敌的自然控制作用。

三、黑刺粉虱

（一）黑刺粉虱的分布、为害

黑刺粉虱又名橘刺粉虱，广泛分布于华东、华中、西南、华南各茶区。20 世纪 80 年代以来，在湖南、江西、广东、安徽等省份发生日趋严重。国外在印度、斯里兰卡和肯尼亚也有发生。除茶树外，还严重为害柑橘、棕榈、芭蕉及桂花等。

粉虱类害虫认识与防治

以小组为单位，调查黑刺粉虱为害茶树、茶园的症状，完成表 3-1-2-13。

表 3-1-2-13　黑刺粉虱为害状调查

调查地点：　　　　调查小组：　　　　调查日期：

害虫	为害状	学生调查画出形态特征	学生调查过程性图片（3 ～ 5 张）	学生小组评价	教师评价
黑刺粉虱	若虫寄生在茶树叶背刺吸汁液，并诱发严重的烟煤病，叶片呈黑色。病虫交加，养分丧失，光合作用受阻，树势衰弱，芽叶稀瘦，以致枝叶枯竭，严重发生时甚至导致枝枯树死				

（二）黑刺粉虱的形态特征

以小组为单位，调查黑刺粉虱各个虫态的形态特征，完成表 3-1-2-14。

表 3-1-2-14　黑刺粉虱的形态特征调查

调查地点：　　　　　　　　调查小组：　　　　　　　　调查日期：

虫态	形态特征	学生调查画出形态特征	学生调查过程性图片（3～5张）	学生小组评价	教师评价
成虫	体长 0.88～1.40mm，翅展 2.02～3.43mm。头、背褐色，复眼红色；触角 7 节；腹部橙黄色；前翅紫褐色，周缘有 7 个白斑，后翅褐色，无斑纹				
卵	长 0.21～0.26mm，宽 0. 10～0.13mm，长椭圆形，形似香蕉，基端有一短柄附于叶背。初产时乳白色，渐转淡黄、黄色，孵化前数日转为紫黑色				
若虫	扁平，椭圆形。初孵时体长 0.25mm，淡黄色，半透明。具触角和足，爬出卵壳在附近寻找适宜的场所定居固定。2 龄幼虫体长约 0.50mm，椭圆形，漆黑色，周缘白色蜡圈明显				
蛹	椭圆形，背面隆起，长 0.85～1.22mm，漆黑色，白色蜡圈明显。体背有黑刺 29～30 对，其中亚缘区雌 11 对，雄 10 对，背盘区 19 对（头、胸部 9 对，腹部 10 对）				

（三）黑刺粉虱的发生规律与习性

黑刺粉虱在长江中、下游地区一年发生 4 代，广东部分地区发生 5 代。多以 3 龄若虫定居于寄主植物的叶背越冬。在春季越冬代蛹的发育进程中，按蛹体形态、体色变化，蛹可分为 4 级（表 3-1-2-15）。

表 3-1-2-15　黑刺粉虱蛹的分级

级别	体色	体液	历期 / 天
1 级	乳白色	大部分清澈，略乳浊	12 ～ 14
2 级	淡黄色	浑浊	6 ～ 8
3 级	橙色	头、胸、腹已分化，无翅芽，后期足已明显	11 ～ 12
4 级	黑色	翅芽、复眼和触角形成	3 ～ 4

1．黑刺粉虱蛹和幼虫数量的调查方法

（1）观察区的选择。选择不同类型茶园（高坡、低洼、平地）各 1 块。

（2）调查时间。从 3 月底或 4 月初开始调查，每隔 3 天调查 1 次。

（3）调查方法。采用隔行或五点取样法取样，随机采集茶树中、下部成老叶，在室内将样本混合后，镜检 100 片叶，记录虫数，计算百叶虫量。检查时应注意区分上代或上年留下的蛹壳，一般四周蜡质新鲜且在镜下背面有裂口的均为当代蛹壳。用针刺法检查幼虫（体液清）、预蛹（体液糊状）、蛹（体液红色）、幼虫死亡、蛹寄生等情况。调查至蛹羽化高峰后结束，数据填入表 3-1-2-16 中。

表 3-1-2-16　黑刺粉虱发育进度调查记录

调查地点：　　　　　　　　　　　　调查小组：

调查日期	茶园类型	调查叶数	活虫数 / 头			蛹壳	化蛹率 /%	羽化率 /%
			幼虫	蛹（含预蛹）	合计			

2．黑刺粉虱成虫消长调查

（1）观察区的选择。选择不同类型茶园各 1 块，作为系统调查地。

（2）调查时间。从成虫初见日开始观察，至当代成虫终见止，每天上午 7 ～ 8 时，在早晨露未干前进行调查。

（3）调查方法。随机选取 100 个以上新梢，仔细检查停栖在新梢上的虫量，结果填入表 3-1-2-17 中。虫量最大的时间段，即为此代成虫的高峰期。

表 3-1-2-17　黑刺粉虱成虫田间消长调查记录

调查地点：　　　　　　　　　　　　　　调查小组：

调查日期	茶园类型	调查新梢数 / 个	成虫总数 / 头	百梢虫数 / 头	学生组间评价	教师评价

3．黑刺粉虱虫口密度调查

（1）观察区的选择。选择不同类型有代表性茶园各 1 块，作为系统调查地块。

（2）调查时间。每代的卵期及幼虫期各调查 1 ～ 2 次，卵期在田间成虫终见后 3 ～ 5 天调查；幼虫期则在卵孵化结束后调查。

（3）调查方法。调查时可采用五点法取样，每点取茶树上、中、下部的成老叶各 50 片，用针刺法检查，结果记入表 3-1-2-18 中。

表 3-1-2-18　黑刺粉虱田间虫口密度调查记录

调查地点：　　　　　　　　　　　　　　调查小组：

调查日期	茶园类型	调查叶数 / 片			卵量 / 粒			幼虫（含蛹）量 / 头			平均虫量 /（头 / 叶）		
		上部	中部	下部	上部	中部	下部	上部	中部	下部	上部	中部	下部

4．黑刺粉虱卵孵化进度调查

取样方法与虫口密度调查方法相同，采用镜检法检查活卵数和刚孵出的幼虫数，结果填入表 3-1-2-19 并计算卵孵化率。注意不要将卵壳统计在活卵数内，一般未孵化的卵饱满、有光泽、新鲜感强。

表 3-1-2-19　黑刺粉虱卵孵化进度调查记录

调查地点：　　　　　　　　　　　　　　调查小组：

调查日期	茶园类型	调查叶数 / 片	活卵数 / 粒	刚孵出的幼虫数 / 头	卵孵化率 /%

提示：$孵化率(\%)=\frac{幼虫数(头)}{活卵数(粒)+幼虫数(头)}\times 100\%$

（四）黑刺粉虱的防治方法

平均每片叶有 2 只虫时即应防治，当 1 龄幼虫占 80%、2 龄幼虫占 20% 时即为防治适期。

农业防治：分批勤采，尤其是春茶可带走产于新梢上的卵；修剪、中耕和茶丛修边时剪除虫枝；改善茶园通风透光条件；合理施肥，增施有机肥，增强树势。

化学防治：首先是防治越冬代成虫或第一代 1 龄幼虫。调查掌握各级蛹、卵和各龄若虫的百分率，以 16%、50% 和 84% 为始盛期、盛期和盛末期标准，预测越冬代成虫羽化盛期和第一代 1 龄若虫盛期，适时防治。可用 24% 灭多威水剂 1125 ～ 1500mL/hm^2 稀释 800 ～ 1000 倍进行防治，安全间隔期为 7 天。防治成虫重点喷中、上部芽叶，防治若虫重点喷中、下部或老叶背面。

生物防治：寄生率高的茶园，寄生蜂羽化前连同虫叶移植助迁至高密度粉虱种群中。引种定殖虫生真菌至黑刺粉虱种群中。当环境条件适宜，尤其是湿度较高、寄主密度较大时，则成为流行病，可迅速控制粉虱种群。也可将韦伯虫座孢、蚧侧链孢等致病力较强的菌株制成真菌杀虫剂施用。黑刺粉虱的天敌种类很多，包括寄生蜂、捕食性瓢虫、寄生性真菌，应注意保护和利用。

【理论测验】

（一）选择题

1. 黑刺粉虱若虫寄生在茶树（　　）刺吸汁液。

A. 叶背　　B. 叶面　　C. 树梢　　D. 根部

2. 选用 24% 灭多威水剂 1125 ～ 1500mL/hm^2 稀释 800 ～ 1000 倍防治黑刺粉虱，安全间隔期为（　　）天。

A. 5　　B. 6　　C. 7　　D. 9

3. 黑刺粉虱若虫刺吸汁液诱发严重的烟煤病，叶片呈（　　）。

A. 白色　　B. 绿色　　C. 黑色　　D. 褐色

4. 黑刺粉虱的蛹按蛹体形态、体色变化，可分为（　　）级。

A. 4　　B. 2　　C. 1　　D. 3

5. 以下属于吸汁类害虫的是（　　）。

A. 茶尺蠖　　B. 茶毛虫　　C. 茶小绿叶蝉　　D. 茶黑毒蛾

（二）判断题

1. 黑刺粉虱蛹为椭圆形，背面隆起，长 0.85～1.22mm，漆黑色，白色蜡圈明显。（　　）

2. 黑刺粉虱 3 龄若虫定居于寄主植物的叶背越冬。（　　）

3. 粉虱类 1～2 龄幼虫喜群集在中、下部徒长枝为害。（　　）

4. 粉虱类害虫以成、若虫刺吸茶树嫩梢或芽叶汁液为害。（　　）

5. 有刺粉虱黑蜂是黑刺粉虱的天敌。（　　）

【拓展训练】

用 50% 乐果乳油配制 1000 倍液 1000mL，用乳油和水各多少？

子任务 3　金龟甲类害虫识别及防治

基本知识

金龟甲是鞘翅目金龟总科昆虫的总称，又名金龟子，其幼虫称蛴螬，是主要的地下害虫之一。

金龟甲类害虫认识与防治

一、金龟甲的主要特征及茶园发生情况

（一）特征识别

金龟甲多中大型，体椭圆形。触角鳃叶状，末端 3～5 节膨大成片状，能自由张合。鞘翅不全盖没腹部，多有金属光泽。前足胫节扁而宽有齿，适于掘土。幼虫蛴螬型，体白色至黄白色，腹部末端腹板宽大，肛门横列，其前肛毛数量和排列是幼虫分种的重要依据。

（二）为害状识别

幼虫咬断根系，一二年生茶苗受害，造成枯立死苗；咬断嫩茎，造成缺蔸断行。成虫取食作物叶片成缺刻孔洞，严重时全叶食光。

（三）主要种类

茶园常见金龟甲主要有铜绿异丽金龟（又名铜绿丽金龟、铜绿金龟，属鞘翅目丽金龟科）、东北大黑鳃金龟（又名大黑金龟、大黑鳃金龟，属鞘翅目鳃金龟科）、黑绒金龟（又名天鹅绒金龟、东方绢金龟，属鞘翅目鳃金龟科）。

图 3-1-3-1 铜绿丽金龟

二、金龟甲

（一）金龟甲的分布、为害

金龟甲类在我国河北、山东、河南、山西、陕西等省份均有分布。

以小组为单位，调查金龟甲为害茶树、茶园的症状，完成表 3-1-3-1。

表 3-1-3-1 金龟甲为害状调查

调查人：____________ 调查时间：____________

害虫	为害状	学生调查画出形态特征	学生调查过程性图片（3～5张）	学生小组评价	教师评价
金龟甲	以幼虫咬食切断茶苗根部和成虫取食叶片为害，可引起茶苗枯死或叶片出现孔洞				

（二）金龟甲的形态特征

以小组为单位，调查金龟甲各个虫态的形态特征，完成表 3-1-3-2。

表 3-1-3-2 金龟甲的形态特征调查

调查人：____________ 调查时间：____________

虫态	形态特征	学生调查画出形态特征	学生调查过程性图片（3～5张）	学生小组评价	教师评价
成虫	椭圆形，触角鳃叶状，末端 3～5 节扩大成片状且能自由张合。鞘翅多有金属光泽，部分盖没腹部。前足有胫齿，跗节皆 5 节				
幼虫	体肥白多皱，呈 C 形				

（三）金龟甲的生活习性

各地均一年发生 1 代。以幼虫或成虫在土中越冬（其中铜绿金龟甲以幼虫在土中越冬），化蛹、羽化的时间各地不一。一般 5 ～ 7 月为成虫盛发期。

成虫白天潜伏于表土内，黄昏后出土活动，夜间交尾、取食，直至翌日黎明时飞回土中潜伏，具趋光性和假死性，卵产于土中。幼虫 3 龄，终身土栖，咬食作物根系。各虫态历时：卵期 7 ～ 11 天、幼虫期超过 300 天、蛹期 5 ～ 20 天、成虫期 30 天以上。

1．金龟甲卵和幼虫数量的调查方法

（1）观察区选择。选择连片种植的两块茶园作为定点调查田。

（2）调查时间。见幼虫后。

（3）调查方法。每块茶园采用 Z 形或五点取样法取样。苗期每点采 10 株，全株调查；成株期每点采 5 株，调查外部 2 ～ 4 层叶片 5 片，将调查结果填入表 3-1-3-3 中。每 8 天调查 1 次。

表 3-1-3-3　金龟甲卵和幼虫数量调查

调查人：________________　　调查时间：________________

调查地点	叶片数/片	调查株树/株	有卵株树/%	有卵株率/%	百株卵块数/块	平均每块卵粒数/粒	孵化卵块数/块	孵化率/%	百株虫量/头	学生组间评价	教师评价

2．金龟甲越冬基数（蛹数量）调查方法

（1）观察区选择。选择不同类型的茶园 3 ～ 4 块。

（2）调查时间。11 月越冬幼虫入土化蛹后及翌年 2 月初成虫羽化前。

（3）调查方法。采用五点法取样或平行跳跃式取样，每块茶园定 30 个样点，每个样点 2 丛茶树（密植茶园不少于 0.5m 长茶行），挖取样点茶树基部半径 30cm、深 5cm 周围上表内的蛹，检查活蛹、死蛹数，计算每 667m^2 越冬蛹基数，将调查结果填入表 3-1-3-4。

表 3-1-3-4　金龟甲越冬基数调查

调查人：________________　　调查时间：________________

调查日期	调查地点	调查总面积 /m^2 或茶丛数	蛹数 / 头			蛹密度 /（头 /667m^2）	自然死亡率 /%	存活率 /%	学生组间评价	教师评价
			死蛹	活蛹	合计					

3．金龟甲成虫羽化进度调查

饲养法。在冬后越冬蛹基数调查的同时，将蛹带回室内（不少于 50 头），分别置于盛有保湿泥土的容器中，并将容器置于养虫笼中，或笼罩覆土室外饲养（每笼不少于 50 头），保持一定的湿度，于翌年 3 月气温回升后，逐日观察羽化进度、寄生及自然死亡数，调查和计算结果填入表 3-1-3-5 中。

$$羽化率=\frac{累计羽化成虫数（头）}{总活蛹数（头）}\times 100$$

表 3-1-3-5　越冬代成虫羽化进度调查

站别：________________　　调查时间：________________

调查日期	总蛹数 / 头	当天羽化 / 头	当天羽化率 /%	累计羽化率 /%	自然死亡数 / 头	自然死亡率 /%	寄生蛹 / 头	寄生率 /%	备注

（四）金龟甲的防治方法

物理防治：成虫盛发期，利用其假死性，震落捕杀；蛴螬发生多的苗圃和幼龄茶园，结合耕作捡除蛴螬，或放养鸡鸭啄食；在成虫盛发期进行灯光或火堆诱杀；在园周围种植蓖麻，诱杀成虫，一般蓖麻要适当早种。

化学防治：可采用拌种、撒施毒土、灌药液等办法防治蛴螬。成虫期可用喷药防治。结合整地施撒毒土，用敌百虫或辛硫磷等药剂 1.5 ～ 2.25kg/hm，加少量水稀释后拌细土 225 ～ 300kg 撒施或结合施肥施入，用碎饼肥、糠麸等掺入农药制成毒饵，开沟施入根际土中毒杀蛴螬。幼苗受害时每公顷用 50% 辛硫磷 7.5kg 或 40% 水胺硫磷 6kg 兑水 2250 ～ 2700kg 灌株。

（五）任务测评

任务测评表示例如下（表 3-1-3-6）。

表 3-1-3-6 任务测评表

序号	项目成绩	优	良	中	差
1	调查数据				
2	工作态度				
3	团队合作				
4	操作过程				

【理论测验】

（一）选择题

1. 金龟甲以幼虫或成虫在（ ）中越冬。

A. 根 B. 茎 C. 叶 D. 土

2. 金龟甲的卵期历时（ ）天。

A. 7 ～ 11 B. 300 C. 5 ～ 8 D. 100

3. 金龟甲是鞘翅目金龟总科昆虫的总称，又名金龟子，其幼虫称（ ）。

A. 蛴螬 B. 蟲 C. 金龟 D. 丽金

4. 金龟甲幼虫体肥白多皱，呈（ ）形。

A. A B. E C. C D. 一

（二）判断题

1. 温度等气候条件能影响金龟甲的生长发育，此外，影响灰金龟甲种群数量的外界因素还有天敌和传染病。（ ）

2. 金龟甲成虫取食作物叶片成缺刻孔洞，严重时全叶食光。（ ）

3. 金龟甲成虫为椭圆形，触角鳃叶状，末端 3 ～ 5 节扩大成片状且能自由张合。（ ）

4. 金龟甲成虫白天潜伏于表土内，黄昏后出土活动，夜间交尾、取食，直至翌日黎明时飞回土中潜伏。（ ）

子任务 4　螨类害虫认识与防治

基本知识

螨类属节肢动物门蛛形纲蜱螨亚纲。与农业有关的植食性螨类主要为害植物的叶、嫩茎、叶鞘、花蕾、花萼、果实、块根、块茎以及农产品的加工品等，是危害农业的重要害虫之一，也有不少种类还传播植物病害。

螨类害虫
认识与防治

一、螨类害虫的主要特征与发生情况

（一）特征识别

螨类通常为椭圆形或卵圆形的小型或微型动物，与昆虫的主要区别是：体分节不明显，无头、胸、腹三段之分；无翅，无触角，无复眼；成虫足 4 对，少数 2 对；变态经卵、幼螨、若螨及成螨 4 个阶段。

螨类足体相当于昆虫的胸部。前足体背面常有 1 ～ 2 对单眼和气门器。若螨和成螨有足 4 对，幼螨 3 对。足分成 6 节，即基节、转节、腿节、膝节、胫节、跗节。跗节末端有 1 ～ 2 爪或无爪。

末体相当于昆虫的腹部，与后足体紧密相连，很少有明显分界，肛门和生殖孔一般开口于末体的腹面。雄螨外生殖器主要是阳茎。雌、雄外生殖器主要有交配囊、生殖孔或生殖瓣。

（二）生物特性

成螨有性二型现象，粉螨比较明显，叶螨、跗线螨亦有。叶螨雄螨身体末端较尖，须肢的腿节有许多小刺，雌螨则缺乏；雄螨背面刚毛较多，腹面较少，雌螨则相反。跗线螨雌、雄螨在体型、第四对足等方面差异显著。

螨类习性不一，陆栖或水栖，自由生活或营寄生生活。自由生活的可分捕食性、植食性、菌食性、腐食性、粪食性等。寄生的有外寄生和内寄生之分。有的为害农作物，引起叶片变色，甚至脱落，为害柔嫩组织，引起瘤状突起；有的为害仓库粮食，导致色味变劣；有的寄生或捕食其他动物；有的寄生于牲畜或人体皮肤下面吸血。

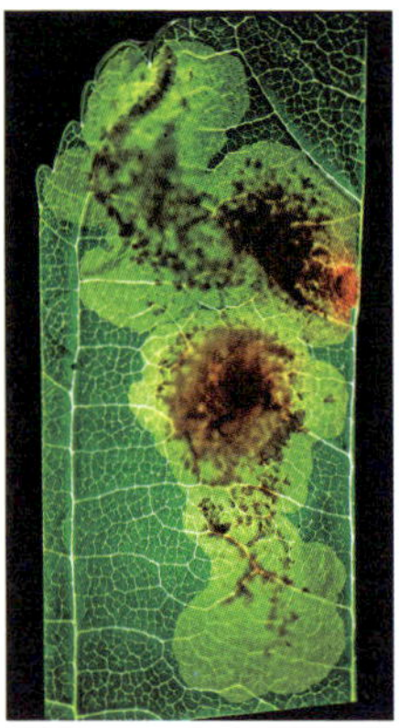

图 3-1-4-1　叶螨侵害的植物叶片

（三）主要种类

螨类中与茶树有关的科主要有叶螨科、细须螨科、跗

线螨科、瘿螨科、粉螨科、植绥螨科和肉食螨科等，其中前5个科是为害茶树的害螨，后2个科则是捕食害螨的益螨。

二、茶橙瘿螨

茶橙瘿螨属蜱螨目瘿螨科。

（一）茶橙瘿螨的分布、为害

在我国各产茶省份均有分布。

以小组为单位，调查茶橙瘿螨为害茶树、茶园的症状，完成表3-1-4-1。

表3-1-4-1　茶橙瘿螨为害状调查

调查人：________　　调查时间：________

害虫	为害状	学生调查画出形态特征	学生调查过程性图片（3～5张）	学生小组评价	教师评价
茶橙瘿螨	以成螨、若螨刺吸茶树芽梢和成叶汁液，致叶片失绿，叶脉红褐色，叶面变暗无光泽，叶背多褐色细纹锈斑，远视一片红铜色如火烧，严重影响茶叶产量和品质				

（二）茶橙瘿螨的形态特征

以小组为单位，调查茶橙瘿螨各个虫态的形态特征，完成表3-1-4-2。

表3-1-4-2　茶橙瘿螨的形态特征调查

调查人：________　　调查时间：________

虫态	形态特征	学生调查画出形态特征	学生调查过程性图片（3～5张）	学生小组评价	教师评价
成螨	体小，肉眼看不见，体长0.14～0.19 mm，橘黄至橙红色，前端较宽，向后渐细呈胡萝卜形。足2对前伸。后体段多环纹，背面约30环。体具刚毛，腹末1对刚毛较长				

续表

虫态	形态特征	学生调查画出形态特征	学生调查过程性图片（3～5张）	学生小组评价	教师评价
幼螨、若螨	幼螨、若螨乳白色至淡橘红色，体色与成螨相似，幼螨体环不明显，若螨体环趋于明显				
卵	球形，无色透明呈水晶状				

（三）茶橙瘿螨的生活习性

一年发生20余代，世代重叠，以各种螨态在茶叶背面越冬，且无明显的越冬现象。茶橙瘿螨大量孤雌生殖，每雌产卵20多粒，甚至达50多粒，日夜产卵，每次1粒，产于嫩叶叶背，且以叶脉两侧凹陷处为多。全年有2次明显的发生高峰，第一次在5～6月，第二次在7月中旬至9月。全年以夏、秋茶为害最重。

以小组为单位，完成茶橙瘿螨成虫和幼虫数量的调查，填写表3-1-4-3和表3-1-4-4，以此了解茶园茶橙瘿螨的为害情况。

1．茶橙瘿螨系统调查

（1）观察区选择。选择当地有代表性茶园，有条件的地方设置不喷药观察区。

（2）调查时间。3～11月每隔5天查1次。

（3）调查方法。选定5个代表样点，每点长5m（或不少于15丛茶树），取内、外层叶片各10片（采芽下2叶、3叶）带回室内，共取100叶，用放大镜检查正反面成螨、若螨数，要求检查在3小时内查完，结果填入表3-1-4-3。

表3-1-4-3　茶橙瘿螨系统调查记录

调查小组：____________　调查地点：____________

调查日期	叶螨量 /（头 / 百叶）	比上次增减 /%	每叶平均 / 头	有螨叶数 / 片	有螨叶率 /%

2．茶橙瘿螨田间虫口密度调查

当系统调查茶园螨量出现上升趋势时，开始调查，选择不同类型茶园3～5块，用隔行随机多点取样（样点数≥10），每个点取芽下2叶或3叶片张（内、外层各5片），室内将样本混合后取 100 叶，用放大镜检查虫数，分级填入表 3-1-4-4。茶橙瘿螨螨量分级标准及代表值见表 3-1-4-5。

表 3-1-4-4　茶橙瘿螨田间虫口密度记录

调查小组：________________　　调查地点：________________

调查日期	茶园类型	分级叶片数								有螨叶数 / 片	有螨叶率 /%	平均螨数 /（头 / 叶）
		0 级	1 级	2 级	3 级	4 级	5 级	合计 / 片	指数值			

表 3-1-4-5　茶橙瘿螨螨量分级标准及代表值

螨量分级标准（头 / 叶）	0	1～10	11～50	51～100	101～200	200 以上
级别	0 级	1 级	2 级	3 级	4 级	5 级
计算代表值	0	1	7	20	40	80

$$\text{提示：指数值}=\frac{\text{E（各级代表值}\times\text{各级叶片数）}}{80\times\text{调查总叶片数}}\times 100\%$$

3．茶橙瘿螨越冬基数调查

（1）观察区选择。选择不同类型茶园各 3 块。

（2）调查时间。11 月中下旬和翌年 3 月初各调查 1 次。

（3）调查方法。采用平行跳跃式方法取样，取不少于 25 个样点，每个样点茶蓬内外层各取 2 片成叶（内层叶片指采摘面 10cm 以下），用放大镜检查叶片正反面的成螨、若螨数，结果填入表 3-1-4-6 中。

表 3-1-4-6　茶橙瘿螨越冬前后虫口基数调查

调查小组：________________　　调查地点：________________

调查日期	茶园类型	总叶数 / 片	有螨叶数 / 片	有螨叶率 /%	螨数 / 头			平均螨数 /（头 / 叶）
					成螨	若螨	合计	

（四）茶橙瘿螨的防治

当中小叶种茶树平均每叶螨口为 17 ～ 22 头，或叶片上螨口密度为 3 ～ 4 头 /cm^2，或螨情指数为 6 ～ 8 时，则应进行防治。

植物检疫：严防将有螨苗木带出圃外，尤其是要严防为咖啡小爪螨侵害的苗木流出。

农业防治：施足基肥和追肥，做好抗旱防旱工作，促使茶树生长健壮，以增强树势，提高抗逆能力。注意清除、处理茶园落叶和杂草。受害茶园适当增加采摘次数，及时采摘，有一定的补救作用。

生物防治：繁殖捕食螨或食螨的瓢虫，在茶园进行释放防治。如在 9 月到翌年 3 月可释放德氏钝绥螨防治侧多食跗线螨，用量为 22.5 万～ 30.0 万头 /hm^2。

化学防治：从 4 月下旬开始注意检查，要抢在高峰出现之前用药。一般可于春茶结束、夏茶开采前抓紧进行。在茶树生长季节使用速螨酮类杀螨剂（15% 乳油 875 ～ 450mL/hm^2、20% 可湿性粉剂 30g/hm^2）、1% 灭虫灵（300mL/hm^2）、50% 溴螨酯（450mL/hm^2）、20% 单甲脒（900 ～ 1050mL/hm^2）、35% 赛丹（750mL/hm^2），在茶季结束的秋末，可喷洒 0.5 波美度的石硫合剂，或用 45% 晶体石硫合剂（3000g/hm^2）进行防治。

【理论测验】

（一）选择题

1. 茶橙瘿螨以各种螨态在（　　）中越冬。

A. 根　　B. 茎　　C. 叶背　　D. 叶面

2. 茶橙瘿螨成螨体小，肉眼看不见，体长 0.14 ～ 0.19 mm，橘黄至（　　）。

A. 橙红色　　B. 黑色　　C. 黄色　　D. 绿色

（二）判断题

1. 茶橙瘿螨大量孤雌生殖，每雌产卵 20 多粒，甚至达 50 多粒，日夜产卵，每次 1 粒，产于嫩叶叶背。（　　）

2. 茶橙瘿螨成虫取食作物叶片成缺刻孔洞，严重时全叶食光。（　　）

3. 茶橙瘿螨变态经卵、幼螨、若螨及成螨 4 个阶段。（　　）

4. 茶橙瘿螨成虫白天潜伏于表土内，黄昏后出土活动，夜间交尾、取食，直至翌日黎明时飞回土中潜伏。（　　）

5. 螨类通常为椭圆形或卵圆形的小型或微型动物。（　　）

6. 茶橙瘿螨全年以春、秋茶为害最重。（　　）

任务二　茶树主要病害认识与防治

子任务 1　茶树叶部病害

基本知识

一、茶饼病

茶饼病
认识与防治

（一）茶饼病的分布、为害

茶饼病是危害茶树嫩梢芽叶的重要病害，已知分布于国内大多数产茶省份，国外主要分布在印度、斯里兰卡、印度尼西亚、日本等国家。

茶饼病主要危害茶树嫩叶和新梢，一般茶园发病率为 20% ～ 30%，重病茶园达 60% ～ 80%，整个茶园幼嫩组织上都布满白色疱状病斑，严重影响茶叶产量。若用病叶制出成茶，则茶味苦涩，汤色浑暗，叶底花杂，碎片多，内质水浸出物中茶多酚、氨基酸总量等指标均下降。

（二）茶饼病的症状识别

茶饼病主要危害茶树幼嫩组织，从幼芽、嫩叶、嫩梢、叶柄、花蕾到幼果都可为害，但以嫩叶、嫩梢受害最重。危害嫩叶最初在叶面产生淡黄色、淡绿色或淡红色半透明小点，病斑逐渐扩大，形成表面光滑、有光泽、向下凹陷的圆形病斑，叶背同时隆起，呈饼状，病斑直径为 2.0 ～ 12.5mm。以后叶背病斑表面产生灰白色粉状物，随着病斑成熟，粉末增厚为纯白色疱状病斑，茶饼病由此得名。茶饼病叶部症状大多表现为正面平滑光亮、下陷，而背面隆起，但有时病斑也可向叶正面突起并产生粉状物。叶上病斑多时可相互融合为不规则的大斑。叶缘、叶脉感病后使叶片歪曲、对折。感病嫩叶均呈畸形。后期病斑上白粉消失或不明显，病斑逐渐干缩，呈褐色枯斑，但病斑边缘仍为灰白色环状，病叶逐渐凋萎以至脱落。嫩芽、叶柄、花蕾、嫩茎、幼果被害，一般病部均表现轻微肿胀，重的则呈瘤肿，其上生白粉状物，后期病部渐变为暗褐色溃疡斑。嫩茎上常呈鹅颈状弯曲肿大，受害部易折断或造成上部芽梢枯死。

以小组为单位，调查茶饼病为害茶树、茶园的症状及发病率，完成表 3-2-1-1 和表 3-2-1-2。

1．调查内容

调查茶饼病为害茶树、茶园的症状及发病率。

2．调查方法

常用的调查或抽样类型有随机抽样等。随机抽样是病虫种群调查最常用的一种方法，即在一定空间内，对种群各个体机会均等地抽取样本以代表总体。如在 N 个个体中，机会均等地抽取第 1 个样本，再于 $N-1$ 个个体中机会均等地抽取第 2 个样本。具体做法可将 N 个样点分别编号（1，2，3，…，N），再摸号中选。

3．调查结果

具体见表 3-2-5-1。

表 3-2-1-1 茶饼病为害状调查

调查人：__________ 调查时间：__________

病害	为害状	学生调查画出形态特征	学生调查过程性图片（3～5张）	学生小组评价	教师评价
茶饼病	嫩叶上初发病为淡黄色或红棕色半透明小点，后渐扩大并下陷成淡黄褐色或紫红色的圆形病斑，直径为 2～12.5mm。叶背病斑呈饼状突起，并生有灰白色粉状物，最后病斑变为黑褐色溃疡状，偶尔也有在叶正面呈饼状突起的病斑，叶背面下陷。叶柄及嫩梢被感染后，膨肿并扭曲，严重时病部以上新梢枯死				

表 3-2-1-2 茶饼病损失率测定

调查地点	调查日期	病叶率/%	百芽叶重/g		损失率	发芽势/（芽头数/m^2）		损失量/（g/hm^2）	学生组间评价	教师评价
			病芽/叶	健芽/叶		病区	无病区			

（三）茶饼病的病原观察

茶饼病菌为担子菌亚门外担菌属真菌。病部白色粉状物即病菌的子实层。病菌菌丝体在病斑叶肉细胞间生长，无色。有性繁殖产生无数担子，丛集而形成子实层。担子呈圆筒形或棍棒形，顶端稍圆，向基部渐细，无色，单细胞，大小为（30～50）μm×（3.0～5.0）μm，顶生2～4个小梗，担孢子着生小梗上。担孢子呈肾脏形或长椭圆形，间有纺锤形，无色透明，大小为（11～14）μm×（3～5）μm。担孢子易脱落，萌发时可形成1个隔膜，双细胞。该病菌未发现无性繁殖阶段。

茶饼病菌为一种活体营养寄生菌，病菌对寄主和外界环境都有着特殊的要求。首先，病菌菌丝体在寄主细胞间生长发育，以产生吸器的方式伸入寄主细胞内吸取营养。吸器的形成尤以在海绵组织的薄壁细胞中为典型，因此病菌离开活的寄主细胞无法生存。其次，病菌对外界环境中的温度、湿度、光照也有较高的要求。适合担孢子萌发的温度为20～25℃，大于25℃萌发率急剧下降，超过30℃即可抑制萌发。在35℃时1小时或大于35℃情况下，担孢子死亡。芽管生长也以20～25℃时生长最快，大于25℃迅速减慢或停止生长。相对湿度的影响以大于80%有利于担孢子的形成，而担孢子的萌发则需相对湿度大于90%时方能进行。在饱和湿度或薄层水滴中萌发率最高，相对湿度小于50%时担孢子即死亡。担孢子萌发后侵入寄主叶片保湿11小时为侵染的临界条件，叶片保湿13小时发病率最高。病菌担孢子在黑暗条件下不能萌发，最理想的光照是柔和的散射光，大于或等于520nm波长的光照可促进担孢子的萌发，小于520nm则抑制萌发。此外，红外光和可见光对担孢子无杀伤力，但紫外光照射45分钟则可产生明显的致死效应。茶饼病菌经在阳光下直射1.0～1.5小时，可使大部分担孢子和已萌发的芽管致死。担孢子细胞壁很薄，不耐干燥，易脱水死亡。

病菌对光照较敏感，且对温湿度要求较严格，加之病菌担孢子寿命较短，病菌不得不以惊人的繁殖能力产生大量担孢子来维持物种平衡。据计算，在1mm^2的病斑上可形成1万个担孢子，1个成熟的疱斑在24小时内可形成100万个担孢子。该病菌是一种典型的多产孢子类型。

（四）侵染循环

茶饼病菌主要以菌丝体潜伏于活的病叶组织中越冬、越夏，腐烂死亡的病叶不带菌。越夏病菌只能在荫蔽度大、太阳不能直接照射的茶丛下部叶片上存活。越冬、越夏的病菌在平均气温为15～20℃，相对湿度大于85%时即可产生担孢子。担孢子借风雨传播到茶树幼嫩组织上，遇适宜的温湿度，即萌发长出芽管形成侵入丝，侵入寄主组织，发育形成菌丝，在叶片栅栏组织中分支，进入海绵组织中的菌丝则形成吸器，从寄主薄壁细胞中吸取营养，不断扩展。同时，病菌分泌细胞分裂素刺激细胞膨大，形成饼状突起的病斑，最后在叶片背面产生子实层。成熟的担孢子释放出来继续经风雨传播，在生产季节中可进行多次再侵染，因此病害不断扩展直至造成流行。

菜茶饼病的病害循环因各地气候条件不一，病程长短不一。据贵州观察，春茶期病程为 15 天左右，夏茶期为 12 天，秋茶期为 13 ～ 14 天，全年侵染次数可达 15 次。在四川完成一个病程为 12 ～ 19 天，全年再侵染次数为 7 ～ 8 次。此外，我国茶区分布广，气候条件差异较大，茶饼病发生季节也不尽相同。如西南茶区，一般在每年 2 ～ 4 月即开始发病，7 ～ 11 月为发病盛期，1 月以后逐渐停止。华东、中南茶区，多在 5 ～ 7 月和 9 ～ 10 月大量发病。海南茶区受亚热带气候影响，11 月至翌年 2 月为发病高峰，5 ～ 6 月停止发病。

（五）发病条件

茶饼病是一种低温高湿型病害。病菌喜低温、高湿、多雾、少光的环境，尤以高湿少光为最重要；对高温、干燥、强烈的光照极为敏感。因此，该病多分布于各茶区的高山茶园中。因高山区气温低，湿度大，雾日数多，日照少，正是茶饼病发生的有利条件。如湖南石门东山峰农场 1983 年总降水量为 1898.3mm，年日照时数为 1509.9 小时，日照百分率为 34%，平均每月雾日数达 22.7 天，该年茶饼病暴发流行，发病率高达 60% ～ 80%。茶园嫩叶、新梢全被白色疱状病斑布满，对茶叶生产造成了严重影响。

此外，在长期保持高湿度的山峦、凹地及阴坡茶园，即使海拔较低，但终年气温较低、湿度较大的茶园也很容易发生茶饼病。如海南五指山茶场，浙江雁荡山、天台山、华顶山等茶园，也常是茶饼病的发病区。

茶园管理直接影响茶园的小气候，与茶饼病的发生有密切的关系。一般茶园管理粗放，杂草丛生，施肥不当，采摘修剪及遮阳措施不合理的茶园，发病较重。此外，密植茶园比条植茶园发病重。

茶树品种间的抗病性有一定的差异。一般小叶种比大叶种较抗病，大叶种中又以叶厚柔嫩多汁、叶脉间凹陷度大的易感病。据观察，云南群体种、祁门 1 号、广西凌云白毫等品种表现抗病，而海南地方群体品种表现感病。

（六）防治方法

茶饼病防治应坚持“预防为主，综合防治”的植保方针，采用以农业防治为主、结合化学防治的综合措施来进行防治。

农业防治：在病区应勤除茶园杂草，以利于通风透光，减少荫蔽程度；合理施肥，注意施足底肥，增强树势，提高抗病力；及时分批多次采摘芽叶，尽量少留叶，以减少病菌侵染。在采摘期和冬春休眠期，彻底清除感病芽叶，减少初侵染来源。此外，选择适当时期进行修剪和台刈，以避免新梢萌发时遇发病期，感染病害。根据各地具体情况，选育引进抗病优良品种。在非病区一定要注意，引进苗木时认真检查，防止病害人为传播。

化学防治：对历年发病重的茶园或非采摘园，冬、春季可喷施 0.6% ～ 0.7% 石灰半量式波尔多液或 0.2% ～ 0.5% 硫酸铜液，有较好的预防效果。此外，在生产季节使用 25% 三唑酮可湿性粉剂 3000 ～ 3500 倍液进行防治，药效长、效果好。近年来农作物杀菌剂的推广中出现了一些新型制剂，可在茶园试验中使用，如 77% 可杀得可湿性粉剂 400 ～ 600 倍液。

二、茶芽枯病

（一）茶芽枯病的分布、为害

茶芽枯病于 1976 年在我国浙江省首次发现，在我国主要分布在安徽、浙江、湖南、江苏、江西、广东、广西等各大茶区，国外未见报道。茶芽枯病使罹病芽叶生长受阻，直接影响茶叶的产量和质量，大流行年份可减产 20% ～ 30%，严重制约茶叶生产的发展。

茶芽枯病的认识与防治

（二）茶芽枯病的症状识别

茶芽枯病主要危害幼嫩芽叶。受害部位初期出现淡黄色或黄褐色的斑点，芽叶边缘逐渐枯焦，颜色变深，病斑沿叶缘扩大，病健分界不明显；后期受害芽叶扭曲、卷缩、质脆，叶缘破碎，严重时，整个嫩梢枯死，病斑上散生许多黑色的小粒点。

以小组为单位，调查茶芽枯病危害茶树、茶园的症状及发病率，完成表 3-2-1-3 和表 3-2-1-4。

表 3-2-1-3　茶芽枯病为害状调查

调查人：____________　　调查时间：____________

病害	为害状	学生调查画出形态特征	学生调查过程性图片（3 ～ 5 张）	学生小组评价	教师评价
茶芽枯病	受害部位初期出现淡黄色或黄褐色的斑点，芽叶边缘逐渐枯焦，颜色变深，病斑沿叶缘扩大，病健分界不明显；后期受害芽叶扭曲、卷缩、质脆，叶缘破碎，严重时，整个嫩梢枯死	危害芽头 危害叶尖			

表 3-2-1-4　茶芽枯病损失率测定

调查地点	调查日期	病叶率/%	百芽叶重 /g		损失率	发芽势 /（芽头数 /m^2）		损失量 /（g/hm^2）	学生组间评价	教师评价
			病芽 / 叶	健芽 / 叶		病区	无病区			

（三）茶芽枯病的病原观察

茶芽枯病菌为半知菌亚门叶点霉属。病菌的分生孢子器散生于芽叶表皮下，成熟时突破表皮外露，呈球形或扁球形，直径为 90 ～ 245μm。器壁薄，暗褐色或褐色，有孔口，内有无数分生孢子。分生孢子呈椭圆形、圆形或卵圆形，无色，单胞。一般孢子内有 1 ～ 2 个油球，大小为（2 ～ 6）μm ×（2 ～ 4）μm。

病菌在 PDA（马铃薯葡萄糖琼脂培养基）上生长良好，在 20 ～ 25℃下，2 天后长出菌丝，4 天后形成分生孢子器。菌落白色，茸毛状，后渐变为褐色至黑褐色。菌丝体生长的最适温度为 22 ～ 24℃，分生孢子萌发的最适温度为 23 ～ 25℃，低于 10℃或高于 29℃菌丝生长、分生孢子萌发均受抑制；分生孢子萌发的最适 pH 为 4.5 ～ 6.8，低于 7.5 时，萌发率明显下降。

（四）侵染循环

茶芽枯病菌丝体或分生孢子器在病芽叶或越冬芽叶中越冬，翌年 3 ～ 4 月，当平均气温上升到 10℃以上、相对湿度在 80% 左右时开始产生分生孢子，随气流和雨水溅落传播，侵染正在萌动的茶树芽叶。在适宜的环境条件下，一般 2 ～ 3 天就可完成孢子的萌发侵入，5 ～ 7 天出现明显的症状。如果病芽叶留养在茶树上，菌丝体经生长发育，很快又产生分生孢子器并释放分生孢子，再次侵染健康芽叶。因此，该病在茶树的生长季节里，可进行多次再侵染，直至流行。

（五）发病条件

茶芽枯病属低温型病害，流行与否与温度关系密切。据报道，当平均气温上升至 10℃以上，日最高气温超过 15℃时，病害开始发生，但发展较慢；当平均气温达 15 ～ 20℃，日最高气温达 20 ～ 25℃时，病害迅速蔓延。连续数日日最高气温达 25℃，病害发展缓慢，并逐渐停止发展。该病在安徽、江苏、浙江一带茶区 3 月底或 4 月初开始发病，4 月中旬至 5 月上中旬常为发病盛期，5 月下旬至 6 月上旬病情发展转慢，6 月中旬以后停止发展。另外，春寒往往导致茶芽枯病的大发生，寒流降低了茶树的抗性，并作为一种诱因引起病害的流行。

湿度和降雨对病情的发生与发展有一定的影响。据报道，皖南丘陵茶区 4 ～ 5 月的旬平均相对湿度与该病的发生和发展关系密切。在 4 ～ 5 月，病芽率和病情指数均随着旬平均相对湿度的上升而上升，随之下降而下降。而 6 月旬平均相对湿度虽然也很高，但病情逐渐减轻。这主要是因为较高的温度对病原菌的生长发育有明显的抑制作用。降雨频次和强度对病害影响也较大。如小雨绵绵，持续时间长，则有利于病害的发生发展。

（六）防治方法

农业防治：重病园区于秋末或早春组织人力摘除病芽，减少菌源芽枯病菌在罹病芽叶上越冬；春茶采摘期鼓励采工在采摘鲜叶时除去病芽，单采单放，带出茶园；加强茶园管理，搞好茶园卫生。

化学防治：重病园区可在秋末和春茶萌发期各喷药 1 次，进一步减少初侵染源。使用 50% 多菌灵可湿性粉剂 800 倍液效果最好，70% 甲基硫菌灵可湿性粉剂 1000 ～ 1500 倍液也具有一定防效。

三、茶云纹叶枯病

茶云纹叶枯病的认识与防治

（一）茶云纹叶枯病的分布、为害

茶云纹叶枯病是最常见的茶树叶部病害之一，分布很广，在主要产茶国如日本、印度、斯里兰卡、越南、坦桑尼亚以及牙买加等均有报道，中国各产茶省份均有发生。茶云纹叶枯病在树势衰弱和台刈后的茶园发生严重，特别是丘陵地区植被少、土壤贫瘠的茶园发生更重，对茶树生长发育影响较大。

（二）茶云纹叶枯病的症状识别

茶云纹叶枯病主要发生在成叶和老叶部位，有时也能侵染嫩叶、枝梢和果实。成叶、老叶上的病斑先出现在叶尖和叶缘，初为黄褐色、水渍状病斑，渐变为褐色、灰白相间的云纹状，最后形成半圆形、近圆形或不规则形，且具有不明显轮纹的病斑。病斑边缘褐色，病健分界明显。通常在病斑的正面散生或轮生许多黑色的小粒点，这是病菌的子实体。成叶、老叶上的病斑很大，可扩展至叶片总面积的 3/4，此时会出现大量的落叶；嫩叶、嫩芽罹病后，产生褐色病斑，并逐渐扩大，直至全叶，后期叶片卷曲，组织死亡；嫩枝发病后，出现灰色斑块，渐枯死，可向下扩展至木质化的茎部；果实上的病斑常为黄褐色，最后变为灰色，其上着生黑色小粒点，有时病斑开裂。

以小组为单位，调查茶云纹叶枯病为害茶树、茶园的症状及发病率，完成表 3-2-1-5 和表 3-2-1-6。

表 3-2-1-5　茶云纹叶枯病为害状调查

调查人：____________　　调查时间：____________

病害	为害状	学生调查画出形态特征	学生调查过程性图片（3～5张）	学生小组评价	教师评价
茶云纹叶枯病	成叶、老叶上的病斑先出现在叶尖和叶缘，初为黄褐色、水渍状病斑，渐变为褐色、灰白相间的云纹状，最后形成半圆形、近圆形或不规则形，且具有不明显轮纹的病斑。病斑边缘褐色，病健分界明显	为害叶片正面 为害叶片背面			

表 3-2-1-6　茶云纹叶枯病损失率测定

调查地点	调查日期	病叶率/%	百芽叶重/g		损失率	发芽势/（芽头数/m²）		损失量/（g/hm²）	学生组间评价	教师评价
			病芽/叶	健芽/叶		病区	无病区			

（三）茶云纹叶枯病的病原观察

茶云纹叶枯病菌病原有性态属子囊菌亚门球座菌属，其无性阶段属半知菌亚门刺盘孢属。病斑上小黑点是病菌无性型的分生孢子盘，生于叶片的表皮下，成熟时，突破表皮外露，并释放大量的分生孢子。分生孢子盘直径为 180～320μm，盘内着生分生孢子梗，其大小为（9～18）μm×（3～5）μm，顶生 1 个分生孢子，梗丛中有刚毛间生。分生孢子长椭圆形或圆筒形，两端圆或略弯，无色，单胞，大小为（13～23）μm×（3.3～6.6）μm，内含 1～2 个油球。

病菌于秋末冬初产生有性世代。子囊果球形或扁球形，壁膜质，有孔口，有时孔口呈乳头状突起，有时也埋生于病斑正面表皮下。子囊棍棒状，大小为（44 ～ 62）μm×（8 ～ 12）μm，顶端略圆，基部有小柄。每个子囊内有 8 个子囊孢子，大小为（10 ～ 18）μm×（3 ～ 6）μm，常排成 2 行，大多呈纺锤形、椭圆形或卵圆形，两端圆或稍尖，无色，单胞，有 1 ～ 3 个油球。

病菌的生长适温为 23 ～ 29℃，最高温度 40℃，对高温和低温的抵抗力均较强。在 – 4 ～ – 2℃低温下可存活 30 ～ 60 天，致死温度 60℃。生长最适 pH 为 5.2 ～ 5.8。在人工培养基上培养的菌落初为白色，后逐渐变为墨绿色。据报道，在 PDA 培养基上把病菌先在低温（ – 4 ～ – 2℃）下培养 10 天，移至 24℃下培养 4 天，再放在室温下培养 3 周，可形成有性世代，而且发现紫外光对子囊果的形成和成熟有促进作用。

（四）侵染循环

茶云纹叶枯病菌以菌丝体、分生孢子盘或子囊果在病叶组织或病残体中越冬。病残体中病菌存活期长短取决于枯枝落叶的腐烂速度。如果落叶早，再遇秋季多雨、温度偏高，残体腐烂快，病菌存活期较短，成为翌春初侵染源的可能性不大。埋于土中的病叶易腐烂，病菌也极易死亡。茶树上残留的病叶是翌春最主要的初侵染源。当温湿度条件适宜时，病叶上的分生孢子盘产生分生孢子，借风雨和露滴在茶树叶片间传播，在叶片表面萌发，长出芽管，从叶表的伤口、自然孔口侵入；亦可穿透角质层直接侵入。病菌侵入后，一般经 5 ～ 18 天的潜育期，出现病斑。而后，病斑上又产生分生孢子，进行新一轮的侵染过程。在茶树的一个生长季节里，病菌能进行多次再侵染。我国南方冬季气温较高，病菌无明显的越冬现象，分生孢子可全年产生，周年侵染。北方茶区病叶中发现有子囊果越冬的现象，但在病害的侵染循环中的作用远不及分生孢子盘和菌丝体重要。

（五）发病条件

茶云纹叶枯病属高温高湿型病害。在一定的温度范围内，病菌生长发育随着温度的升高而加速，潜育期缩短，病害流行速度加快。高湿多雨有利于孢子的形成、释放、传播、萌发和侵入，所以，降雨和高湿利于病害的发生和发展。当旬平均气温大于或等于 26℃，平均相对湿度大于 80%，如遇大面积感病品种，病害往往容易流行。就皖南、苏南等地茶园的发生情况来看，春季病菌往往在嫩叶上侵染，明显症状却表现在成叶、老叶上，一般高峰期出现在 8 月下旬至 9 月中下旬。湖南分别在 5 ～ 6 月、9 ～ 10 月出现两个高峰。我国南方茶区，常遇台风袭击，茶树叶片上伤口较多，利于病菌的侵入，高温多雨的 7 ～ 8 月常成为病害发生的高峰期。

茶树品种间存在明显的抗性差异。一般大叶种较中小叶种感病。在皖南茶区，凤凰水仙等叶片较大的品种发病率常年明显高于一些中、小叶种。据研究，发现大叶种抗病性较弱，中叶种抗性较强。病害的潜育期与病情紧密相关，即病菌在某品种上潜育期越短，发病率越高，病情指数越大。

茶园管理水平与病害的发生发展密切相关。一般管理粗放、杂草丛生的茶园，病害发生较重。凡是土层浅、土质黏重，排水不良的茶园，茶树根系不发达，生长势衰弱，树体自身的抗病性降低，病害容易发生和流行。长江中下游一带的茶区往往遇到伏旱，茶树叶片常出现日灼斑，树体抗性大大削弱，再遇雨水、雾滴，病菌容易侵入，造成病害流行。

（六）防治方法

1．农业防治

（1）加强茶园管理，提高茶树的抗病性。

（2）中耕除草，改善土壤墒情。秋茶结束后要进行一次深中耕，结合中耕将病叶埋入土壤。对发病中心用锄头或直接用手拍打树冠，大部分病叶受振后脱落，埋入土中。实践证明，振动树体秋耕的防效可达到 60% ～ 70%，比一般秋耕的防效可提高 10% 左右。早春修剪茶园后，要将枯枝落叶清理出茶园，并烧毁，以压低初侵染源。有条件的茶区可以结合秋耕增施有机肥料，尽可能地减少化肥的使用量。

（3）因地制宜，选用抗病品种。杭州茶区表现抗病的品种有清明早、梅占、龙井群体种和福鼎白毫等。各茶区应结合本地区的特点，选用适合本地区的高产、优质、抗逆性强的品种，特别是在开辟新茶区或新茶园时更应该考虑这一点。

2．化学防治

病情较重的茶区或茶园可进行必要的化学防治。于深秋或初春喷一次 0.6% ～ 0.7% 石灰半量式波尔多液，以减少越冬菌源。早春开园前半个月还可喷一次药。采摘期内最好不要用药，必要时可采用“挑治”的方法。可用于防治茶云纹叶枯病的杀菌剂有 50% 多菌灵可湿性粉剂 800 ～ 1000 倍液、75% 百菌清可湿性粉剂 800 ～ 1000 倍液或 25% 灭菌丹可湿性粉剂 400 倍液等。喷药时要注意喷匀，要掌握在发病盛期前用药，且要求 24 小时内无雨。上述几种杀菌剂的安全间隔期均为 10 天左右。

四、茶煤病

（一）茶煤病的分布、为害

茶煤病是茶树上常见的病害之一，全国各茶区均有发生，世界各主要产茶国也都有发生。煤病的发生可严重影响茶树的光合作用，引起树势衰老，芽叶生长受阻。同时，由于受病菌的严重污染，茶叶品质也受到一定的影响。

茶煤病
认识与防治

（二）茶煤病的症状识别

茶煤病主要发生在茶树中、下部的成叶、老叶上，嫩芽、嫩梢也可发生。发病初期叶片正面出现黑色圆形或不规则形的小斑，后逐渐扩大，严重时黑色煤粉状物覆盖全叶。有时向上蔓延至幼嫩枝梢芽叶上，后期在煤层上簇生黑色短茸毛状物。大流行的茶园，远看一片乌黑，树势极度衰弱。

以小组为单位，调查茶煤病为害茶树、茶园的症状及发病率，完成表 3-2-1-7 和表 3-2-1-8。

表 3-2-1-7　茶煤病为害状调查

调查人：＿＿＿＿＿＿＿＿　　调查时间：＿＿＿＿＿＿＿＿

病害	为害状	学生调查画出形态特征	学生调查过程性图片（3～5张）	学生小组评价	教师评价
茶煤病	发病初期叶片正面出现黑色圆形或不规则形的小斑，后逐渐扩大，严重时黑色煤粉状物覆盖全叶。有时向上蔓延至幼嫩枝梢芽叶上，后期在煤层上簇生黑色短茸毛状物	为害叶片正面 为害叶片背面			

表 3-2-1-8　茶煤病损失率测定

调查地点	调查日期	病叶率/%	百芽叶重/g		损失率	发芽势/（芽头数/m^2）		损失量/（g/hm^2）	学生组间评价	教师评价
			病芽/叶	健芽/叶		病区	无病区			

（三）茶煤病的病原观察

茶煤病菌属子囊菌亚门真菌。菌丝褐色，有分隔。星状分生孢子有 3 ～ 4 个分叉，每个分叉有 2 ～ 4 个分隔，尖端钝圆。子囊座纵长，单一或有分枝，顶端膨大呈球形或头状，黑色，直径 39 ～ 72μm。内生很多子囊，子囊呈棍棒状或卵形，每个子囊内有 8 个子囊孢子，在子囊内呈立体排列。子囊孢子初期无色，单胞，后期褐色，有 3 个分隔，椭圆形或梭形，大小为（8 ～ 10）μm ×（3 ～ 5）μm。分生孢子器常和子囊果混生。具有长柄，大小为 500μm × 14μm。分生孢子椭圆形或近似球形，无色，单胞，大小为（4 ～ 6）μm ×（1.6 ～ 2.4）μm。

（四）侵染循环

病原菌以菌丝体、分生孢子器或子囊果在病叶中越冬。翌春环境条件适宜时，产生分生孢子或子囊孢子，随风雨传播，落到粉虱、蚜虫和蚧类的分泌物上，吸取养料生长繁殖，再次产生各种孢子，又随风雨或昆虫传播，引起再侵染。

（五）发病条件

粉虱、蚜虫和蚧类的分泌物是茶煤病菌的营养物质，这些害虫的发生是茶煤病发生的先决条件。病害发生的轻重与害虫发生数量的多少紧密相关，且病叶上霉层颜色及其厚薄均随害虫种类、分泌物多少而异，一般不深入寄主组织，只营腐生生活。近年来，由于黑刺粉虱、红蜡蚧、角蜡蚧等害虫的发生加重，茶煤病在全国局部茶区严重发生。

（六）防治方法

控制黑刺粉虱、蚧类和蚜虫的危害是防治茶煤病的根本措施，具体方法可参阅项目三任务一的子任务 2 中的相关内容。

农业防治：加强茶园管理，尤其要注意合理施肥，适当修剪，勤除杂草，增强树势。

化学防治：茶煤病发生严重的茶园可于当年深秋采用石硫合剂封园防治介壳虫和黑刺粉虱等害虫，同时也能有效地阻止或减轻翌年茶煤病的发生。用 45% 石硫合剂结晶按 7.5kg/hm² 加水 150 倍液喷雾，喷药必须均匀才能提高防效。

【理论测验】

（一）选择题

1．茶煤病主要发生在茶树中、下部的成叶、老叶上，嫩芽、嫩梢也可发生。发病初期叶片正面出现（　　）圆形或不规则形的小斑。

A．黑色　　B．褐色　　C．灰色　　D．黄褐色

2．茶煤病发生严重的茶园可于当年深秋采用（　　）石硫合剂结晶按 7.5kg/hm^2 加水 150 倍液喷雾封园防治介壳虫和黑刺粉虱等害虫，同时也能有效地阻止或减轻翌年茶煤病的发生。

A．30%　　B．45%　　C．50%　　D．60%

（二）判断题

1．粉虱、蚜虫和蚧类的分泌物是茶煤病菌的营养物质。（　　）

2．加强茶园管理，尤其要注意合理施肥，适当修剪，勤除杂草，增强树势，可以预防茶煤病的发生。（　　）

【拓展训练】

调查当地茶煤病的发生规律，制定茶煤病的防治方案。

子任务 2　茶树枝干部病害茶枝梢黑点病的认识与防治

基本知识

一、茶枝梢黑点病的分布

目前，茶枝梢黑点病仅在我国有发生，最早于 1961 年在浙江省杭州市发现此病，之后湖南、安徽也相继出现，现全国各主要产茶区均有发生。

茶枝梢黑点病的认识与防治

二、茶枝梢黑点病的症状识别

茶枝梢黑点病发生在当年生的半木质化的枝梢上。受害枝梢初期出现不规则形的灰色病斑，以后逐渐向上、下扩展，长可达 10 ～ 15cm，此时，病斑呈现灰白色，其表面散生许多黑色带有光泽的小粒点，呈圆形或椭圆形，向上凸起，这是病菌的子囊盘。发病严重的茶园枝梢芽叶稀疏、瘦黄，枝梢上部叶片大量脱落，严重时全梢枯死。

以小组为单位，调查茶枝梢黑点病为害茶树、茶园的症状及发病率，完成表 3-2-2-1 和表 3-2-2-2。

表 3-2-2-1 茶枝梢黑点病为害状调查

调查人：__________ 调查时间：__________

病害	为害状	学生调查画出形态特征	学生调查过程性图片（3～5张）	学生小组评价	教师评价
茶枝梢黑点病	受害枝梢初期出现不规则形的灰色病斑，以后逐渐向上、下扩展，长可达10～15cm，此时，病斑呈现灰白色，其表面散生许多黑色带有光泽的小粒点，呈圆形或椭圆形，向上凸起，这是病菌的子囊盘。发病严重的茶园枝梢芽叶稀疏、瘦黄，枝梢上部叶片大量脱落，严重时全梢枯死				

表 3-2-2-2 茶枝梢黑点病损失率测定

调查地点	调查日期	病叶率/%	百芽叶重/g		损失率	发芽势/（芽头数/m^2）		损失量/（g/hm^2）	学生组间评价	教师评价
			病芽/叶	健芽/叶		病区	无病区			

三、茶枝梢黑点病的病原观察

茶枝梢黑点病菌为子囊菌亚门内生盘菌属真菌。子囊盘初埋生于枝梢表皮下，后突破表皮外露，盘革质，无柄，散生，黑色，并带有光泽，直径 0.5mm 左右。子囊呈棍棒状，直或略弯，大小为（114 ～ 172）μm ×（20 ～ 24）μm，内生 8 个子囊孢子，其在子囊上部呈双行排列，在子囊下部呈单行或交互排列。子囊孢子呈长椭圆形或长梭形，有的稍弯曲，无色，单胞，大小（22 ～ 42）μm ×（5.0 ～ 7.5）μm，子囊间有侧丝，比子囊长，线形或有分枝，大小（66 ～ 363）μm ×（3.3 ～ 4.4）μm。

四、侵染循环

茶枝梢黑点病是以菌丝体或子囊盘在病梢组织中越冬。越冬病菌从 3 月下旬或 4 月上旬开始生长发育，5 月至 6 月中旬子囊孢子成熟，借风雨传播，侵入新梢。7 月后由于温度偏高，并常伴随干旱，病害发展缓慢。该病属单病程病害，一年仅 1 次初侵染，无再侵染。

五、发病条件

茶枝梢黑点病的发生与气候条件密切相关。一般气温达 10℃以上病菌开始活动，15℃开始形成子囊，20 ～ 25℃子囊孢子成熟。所以，当气温在 20 ～ 25℃、相对湿度大于 80% 时，最有利于该病的发生和发展。当气温上升到 30℃，相对湿度小于 80% 时，病菌生长发育受到抑制，病害也停止发展。品种间有显著的抗性差异，一般枝叶生长繁茂、发芽早的品种较感病，而普通群体种发病相对较轻。

六、防治方法

农业防治：因地制宜地选用抗病品种，注意抗性品种的保护和利用，延长抗性品种的种植年限，避免大面积连片种植单一品种。早春根据树势和头年病情决定修剪的深度，应尽可能将剪下的枯枝落叶清理出茶园并妥善处理。重修剪后，结合喷药保护，效果更好。

化学防治：在发病盛期前喷杀菌剂，可用 50% 多菌灵可湿性粉剂 800 倍液或 70% 甲基硫菌灵或 50% 苯菌灵可湿性粉剂 1000 倍液喷雾。

【理论测验】

（一）选择题

1. 茶枝梢黑点病病斑呈现（　　）。

A. 灰白色　　B. 紫红色　　C. 淡绿色　　D. 褐色

2. 茶枝梢黑点病越冬病菌子囊孢子在（　　）成熟。

A. 3月至4月中旬　　B. 5月至6月中旬

C. 6月至7月中旬　　　　　　　　D. 7月至8月中旬

（二）判断题

1. 茶枝梢黑点病的发生与气候条件密切相关。（　　）

2. 茶枝梢黑点病的发生，品种间有显著的抗性差异，一般枝叶生长繁茂、发芽早的品种较感病，而普通群体种发病相对较轻。（　　）

【拓展训练】

调查当地茶枝梢黑点病的发生规律，制定茶枝梢黑点病的防治方案。

子任务 3　茶苗根部病害茶苗根结线虫病的认识与防治

基本知识

一、茶苗根结线虫病的分布、为害

茶苗根结线虫病的认识与防治

茶苗根结线虫病是苗圃中的一种毁灭性病害，也是世界各国茶园常见的一种为害茶苗和幼龄茶树根部的病害，在国内主要分布于浙江、安徽、福建、湖南、广东、广西、云南、四川、台湾、海南等省份，在国外，印度、斯里兰卡、日本等国均有发生，可为害多种农作物，如果树、林木、蔬菜、花卉、药材等 2000 多种植物。

茶苗根部受害后，根系正常功能衰退，水分与养分的正常吸收与输导受阻，使地上部表现缺水缺肥症状，植株矮小，叶片发黄，枝条细弱，芽、梢停止生长。干旱季节发病严重时，常引起大量落叶，甚至全株死亡。

二、茶苗根结线虫病的症状识别

茶苗根结线虫病的典型特点是病原线虫侵入寄主后，引起根部形成肿瘤，即虫瘿。此系线虫侵入寄主后注入分泌液，刺激其取食点附近寄主细胞增殖和增大，形成巨型细胞，同时引起病根出现根结症状。瘤状物小的如油菜籽大小，大的似黄豆，甚至更大。若主根早期受害，侧根、须根少发或不发。初期根结表面与健根表面区别不大，之后变粗糙，随着雌虫发育成熟产卵，根结表皮破裂，后期常因土壤内其他微生物的侵染，引起全根腐烂。

以小组为单位，调查茶苗根结线虫病为害茶树、茶园的症状及发病率，完成表 3-2-3-1 和表 3-2-3-2。

表 3-2-3-1 茶苗根结线虫病为害状调查

调查人：________________ 调查时间：________________

病害	为害状	学生调查画出形态特征	学生调查过程性图片（3～5张）	学生小组评价	教师评价
茶苗根结线虫病	典型特点是病原线虫侵入寄主后，引起根部形成肿瘤，即虫瘿。此系线虫侵入寄主后注入分泌液，刺激其取食点附近寄主细胞增殖和增大，形成巨型细胞，同时引起病根出现根结症状。瘤状物小的如油菜籽大小，大的似黄豆，甚至更大。若主根早期受害，侧根、须根少发或不发。初期根结表面与健根表面区别不大，之后变粗糙，随着雌虫发育成熟产卵，根结表皮破裂，后期常因土壤内其他微生物的侵染，引起全根腐烂。病株地上部分生长矮小，叶片发黄，发病重时常引起大量落叶，甚至整株枯死				

表 3-2-3-2　茶苗根结线虫病损失率测定

调查地点	调查日期	病叶率 /%	百芽叶重 /g		损失率	发芽势 /（芽头数 /m^2）		损失量 /（g/hm^2）	学生组间评价	教师评价
			病芽 / 叶	健芽 / 叶		病区	无病区			

三、茶苗根结线虫病的病原观察

病原线虫属于线虫纲垫刃目根结线虫属。根结线虫与其他多数线虫相比较，其主要特征是雌雄成虫异形。雌成虫呈梨形或柠檬形，头部尖，有明显的颈部，体躯膨大，长 0.44 ～ 1.30mm，宽 0.33 ～ 0.70mm。初为白色，后为黄白色。卵产于体末的胶质卵囊内，卵囊常外露于根结表面。雄成虫呈线形，无色透明。头部略尖，尾部钝圆，长 1.20 ～ 1.50mm，宽 0.03 ～ 0.04mm。初期雌雄分化不明显，以数次蜕皮后逐渐分化为雌、雄成虫。卵呈椭圆形或长椭圆形，大小为 0.08mm × 0.03mm，通常卵囊中有数百粒卵，多者可达 1000 粒。

四、侵染循环

1 龄幼虫在卵内生活，破卵壳出来的是 2 龄幼虫。2 龄幼虫为侵染幼虫，通过土壤或虫组织到达新根。由于此时口针穿刺能力弱，故多半从根尖附近侵入，头接近中柱，体部在皮层内尾朝根尖定居取食、生长发育，并分泌刺激物质促使寄主根形成根结。幼虫与雌成虫均为固定寄生，成熟雄虫逸出根部在土中自由生活，寻找雌虫交配。有的雌虫在环境适宜时，20 ～ 30 天可完成 1 代。据海南岭头茶叶科学研究所室内繁殖试验报道，南方根结线虫在 5 ～ 6 月平均气温为 28.9℃，每世代需 35 ～ 40 天；10 ～ 12 月平均气温为 20.3℃，每世代约需 56 天，每年发生 7 ～ 8 代。茶苗根结线虫以幼虫在土壤中或以成虫和卵在病根的根结中越冬。病根与病土均可通过人为活动进行远距离传播。

五、发病条件

根结线虫病的发生与土壤状况关系密切。病原线虫一般集中于土壤表层 10 ～ 30cm。质地疏松、通透性好的沙壤土有利于线虫活动与发育，因而发病重。其生长发育最适的土温为 25 ～ 30℃，最适的土壤相对湿度为 40% 左右，幼虫在 10℃时即停止活动。前作物为感病作物的熟地发病重，生荒地发病轻；浅翻的苗圃地发病重，深翻的苗圃地发病轻；肥水管理好的苗圃地比管理差的发病轻。不同树龄的茶树感病性差异很大。一年生茶苗较二年生的显著感病，随着树龄增加抗病性增强。不同品种的茶树，感病性差异也大。如云南大叶种最易感病，台茶发病率亦高，而广东饶平水仙种抗病力较强。

六、防治方法

根结线虫病一旦发生，很难根治，在防治上应以预防为主。

1．农业防治

（1）选用无病地育苗与植苗。尽量选用生荒地育苗和植茶，不使用前作是感病作物地育苗与种箱。砂质土利于发病，选地时亦应注意。播种前先试种高度感病的茶园绿肥作物大叶绿豆，观察根是否感病，可有效测定土壤中有无根结线虫的存在。

（2）翻耕翻晒土壤。使用前作为感病作物地育苗或植苗时，提前两个月在烈日晴天翻耕地，将线虫翻至表土层暴晒数日，同时清除病株残根、杂草，可大大减少病原线虫的数量。

（3）加强肥水管理。采用合适的农业技术措施，促进根系生长健壮，提高抗病力。施用有机肥，改善土壤线虫天敌微生物活动环境，从而提高对线虫的自然控制率。多次少量施肥、灌溉，及时清除杂草寄主，均有利于根系生长，减轻线虫危害。

（4）防止病苗扩散。必须严格控制病苗出圃移栽或外运，并注意病土的传病作用，勿使病区扩大。未判明病情又亟待移栽茶苗时，以选用 2 年生以上的无症状苗为要。同时做好栽前栽后的肥培管理。

（5）选育抗病品种。茶树品种间对该病表现出较大的抗病性差异。选用、选育抗病品种，可作为防治该病的重要途径之一。

2．化学防治

病地施用克线磷或克线丹防治效果好，但使用时均应将药剂用细土拌匀，开沟在茶苗行间施入，盖土，干燥时要灌水。

【理论测验】

（一）选择题

1. 茶苗根结线虫病病株，植株矮小，叶片发（　　）。

A. 黄　　B. 红　　C. 白　　D. 黑

2. 茶苗根结线虫病，（　　）龄幼虫为侵染幼虫。

A. 1　　B. 2　　C. 3　　D. 4

（二）判断题

1. 病原线虫一般集中于土壤表层 10 ～ 30cm。（　　）

2. 根结线虫与其他多数线虫相比较，其主要特征是雌雄成虫异形。（　　）

【拓展训练】

调查当地根结线虫病的发生规律，制定根结线虫病的防治方案。

项目四

六大茶类的识别

思维导图

项目四　六大茶类的识别

- 任务一　熟悉茶的起源、发展及六大茶类分类
- 任务二　区分六大茶类与再加工茶
- 任务三　辨别中国六大茶类的代表性名茶

学习目标

知识目标：能说出茶的起源地及最早的功效利用；能说出绿茶、白茶、黄茶、乌龙茶、黑茶、红茶的分类和代表性茶；能说出名优茶、大宗茶的定义和特点。

技能目标：能按加工工艺、生产地区、发酵程度、再加工茶类分清茶叶类别；能掌握绿茶、白茶、黄茶、乌龙茶、黑茶、红茶的工艺和品质特征；能辨别六大茶类的代表性名茶。

素养目标：深刻理解“绿水青山就是金山银山”理念的科学内涵与深远意义。

任务一　熟悉茶的起源、发展及六大茶类分类

基本知识

中国是茶的故乡，茶的种植、加工、品饮乃至茶文化均源自中国。中国茶叶品种多、性状好、品质优，加工的名优茶叶更是历史悠久。优质茶覆盖面广，生产范围宽，花色品种丰富多彩。广阔的中国大地、勤劳的中华儿女以及悠久的历史文化和众多的民族文化为今天中国独特的种茶技术、制茶技术奠定了良好的基础。

六大茶类的识别

一、茶的起源与发展

茶树起源于我国西南云贵地区。作为茶的故乡，我国是世界上最早发现、利用和栽培茶树的国家，世界各地的种茶、饮茶都是从中国传入。传说“神农尝百草，日遇七十二毒，得茶而解之”，茶最早发现于神农时代，茶叶最初是作为药物利用的。

茶树由野生进而变为人工栽培，茶叶由药用变为饮料，是随着人类社会的进化而演变发展的。

周代，曾设官掌茶，茶叶被作为祭祀用品。

西汉，王褒《僮约》中记有“晨起洒扫，食了洗涤……烹茶尽具，已而盖藏……武阳买茶”，文中提及“烹茶”“盖藏”“买茶”之事，茶叶作为商品在武阳（今

四川省眉山市彭山区江口街道）市场上出现了，这亦是茶叶作为饮料在史书上的明确记载。可见，在当时的蜀地，饮茶已是相当普遍了。

唐代发明了绿茶的蒸青制法，茶叶加工类型经过了生煮羹饮、晒干收藏（散茶）、饼茶（鲜叶直接压制）、蒸青饼茶到蒸青团茶等复杂变革。唐代封演创作的小说集《封氏闻见记》中写有“古人亦饮茶耳，但不如今人溺之甚，穷日尽夜，殆成风俗”，说明茶叶在唐代成为大众化的饮料。唐朝陆羽的《茶经》系统地论述了茶树栽培、制茶、饮茶和评茶，其中评茶部分对茶叶审评用具形状、色泽、规格、作用和使用方法以及炙茶、用水、煮茶和饮茶等方面都做了阐述，并提出了茶叶色、香、味的基本标准与要求，是世界上最古老的茶叶审评检验的系统论述。

宋代以团饼茶和蒸青散茶为主，斗茶之风盛行，嗜茶者不但讲究茶叶的外形与内质，还将茶叶作为一种欣赏品，探求茶叶新品种与品质的关系。斗茶是品茶比赛，评比茶叶色、香、味的优劣，促进了茶叶鉴评技术的进步。宋朝蔡襄著有《茶录》两卷，上篇论茶，下篇论器。论茶篇分茶叶的色、香、味、藏茶、炙茶、碾茶、罗茶、候汤、熁盏和点茶等 10 条，从色香味等方面鉴评茶叶品质的优劣，是一部偏重评茶的著作。另外，黄儒的《品茶要录》也较全面地总结了蒸青团饼茶审评的经验。

图 4-1-1　宋式点茶

明代发明了锅炒杀青，绿茶制法由蒸青发展为炒青，成品茶由团饼茶改为散叶茶。此外，茶叶产品种类亦得到了发展，突破了绿茶的范围，发明了黄茶、黑茶、烘干白茶和红茶。茶叶饮用方式由碾末点茶改为全叶冲泡。茶叶加工与饮用方法的创新对茶叶的外形和内质有了新的要求，评茶时对茶叶的外形和色、香、味也有了新的标准。

清代，青茶（乌龙茶）和花茶相继出现，至此，绿茶、黄茶、黑茶、白茶、青茶和红茶六大茶类形成。茶类的不同、茶叶花色品种的逐渐增多，使茶叶品质审评开始注重不同茶类和花色品种间的品质特征差异以及消费者对茶叶品质的需求。

现在，由于茶叶深加工技术的发展，在上述六大茶类基础上，形成了再加工类茶，如袋泡茶、速溶茶、罐装茶水、香味茶和保健茶等。

茶类的改变推动了品饮方式的更迭，明清时期泡茶（撮泡）法成为主流。朱元璋废除团饼茶的进贡，遂使散茶独盛，茶风也为之一变。明代陈师《茶考》载："杭俗烹茶，用细茗置茶瓯，以沸汤点之，名为撮泡。"此法沿用至今。废团改散，不仅改变了中国茶叶的加工方式，也推动了品饮形式的转变，茶壶和盖碗在散茶的撮泡中发挥出重要的作用。

二、茶叶的多种分类法

中国现代茶学按加工工艺、销路、生产地区、发酵程度、质量级别、生产季节，把茶分为基本茶类和再加工茶类两大类，这也是目前比较常见的茶叶分类。

按加工工艺分类：通常可分为绿茶、红茶、青茶、黄茶、白茶、黑茶。加工工艺不同，茶叶内含有的茶多酚氧化程度不同，品质也不同。绿茶茶多酚氧化程度最轻，红茶最重。

按生产季节分类：可分为春茶、夏茶、秋茶、冬茶。其中，春茶在清明前采摘的为明前茶，谷雨前采摘的为雨前茶。绿茶中以明前茶品质较好，且数量少、价格高。

按加工程度分类：可分为粗加工（粗制）茶，也称毛茶；精加工（精制）茶，即商品茶、成品茶；深加工（在加工）茶，如速溶红茶、茶多酚提取物等。

按销路分类：可分为外销茶、内销茶、边销茶和侨销茶四类。

按生产地区分类：不同省份所产的茶叶不同，可分为浙茶、闽茶、赣茶、滇茶、徽茶、台茶等。

按发酵程度分类：可分为不发酵茶，如绿茶；轻发酵茶，如黄茶、白茶；半发酵茶，如青茶；全发酵茶，如红茶。

按质量级别分类：可分为特级、一级、二级、三级、四级、五级等；有的特级茶还细分为特一、特二、特三。级别不同，品质各有差异，一般级别会印在茶叶外包装上，方便消费者鉴别。

【任务实施】

（1）任务描述：按照唐代煎茶之法，准备器具，依照步骤完成唐代煎茶茶艺展示，见表 4-1-1。

（2）工作准备：准备器具，准备音乐，进行场地布置，设置展示情节。

（3）职业规范及注意事项：做好严格分工，实行岗位责任制，注意操作流程规范。

（4）任务操作过程：

① 视频导入，组织学生观看微课视频中国茶的源流，引出茶叶起源的内容。

② 熟悉煎茶的程序：炙茶、碾茶、罗茶、候汤、一沸加盐、二沸舀水、倒入茶粉、

环击汤心、三沸点水、奉茶、分茶。

表 4-1-1 任务分组及评价

班级		姓名		学号	
组长		组号		指导教师	
组员					
任务分工					
任务评价	器具使用熟练流畅程度	□很熟悉 □基本熟悉 □一般 □不熟			
	团队成员配合程度	□流畅 □基本流畅 □一般 □多处脱节			
	展示过程的艺术感	□有沉浸感，表演自如，节奏感强，欣赏性高 □表演流畅，有较好节奏把握，有一定观赏性 □表演衔接基本流畅，有一定的节奏感及观赏性 □表现一般，需要更多磨炼			

【评价反馈】

（1）成果展示，每个小组选择代表展示学习成果，由其他同学提出改进建议。

（2）根据问题分析与技能测试，由教师对学生完成技能情况进行评分，满分 100 分，见表 4-1-2。

表 4-1-2 任务实施教师评价

班级		组名		日期	
评价指标	评价要素			分值	评分
信息检索	能有效利用网络资源、工作手册等查找有效信息；能将查找到的信息有效转换到工作中			30	
工作认知	是否熟悉各自的工作岗位，认同工作价值（从工作着装、工作态度进行评价）			10	
参与状态	能与同学、教师进行有效的沟通交流；能处理好合作和独立思考的关系			20	
学习方法	观察是否细致、认真			30	
总结反思	较好地掌握专业知识点，具有严谨的思维能力			10	
合计				100	

【理论测验】

1. 茶的故乡是__________。

2. 茶圣指的是________朝的__________，他所著__________一书，是中国乃至世界现存最早、最完整、最全面的茶叶专著。

3. 宋代民间出现了__________、__________、茶坊等交易、制作场所。其时出现的__________不仅是饮茶方式，也是一种精神文化享受，把饮茶的美学价值提升至一个新的高度。

4. 中国饮茶方式共经历了四个时期的演变：第一个阶段是__________，第二个阶段是__________，第三个阶段是__________，第四个阶段是__________。

5. 擂茶，又名________、________、________。

6. 白族三道茶具有一________、二________、三________的特征。

【拓展训练】

茶在中国起源及发展过程中留下了很多优美的故事，我们如何讲好这些故事呢？

解决途径：以组为单位组员收集中国茶起源故事，分组练习，并选出本组最有实力的成员，代表本组与其他组进行PK，讲好中国茶故事。

任务二　区分六大茶类与再加工茶

基本知识

中国茶叶采摘、加工与饮用的历史十分悠久，目前我国通常沿用安徽农业大学已故陈椽教授的方法，依据不同的茶叶制作工艺和茶叶品质特征等将茶叶划分为六大茶类。在六大茶类的基础上，进一步进行窨花等工艺制成的茶叶被称为再加工茶。

我国各大茶类的制作方法并不是同时形成的，茶农们在实际加工过程中逐渐创造发展出丰富多彩的茶叶品种。根据茶叶制作工艺和品质特征等，我国茶叶分为绿茶、黄茶、黑茶、白茶、青茶（乌龙茶）、红茶及再加工茶，见表4-2-1。

表 4-2-1 中国茶叶分类

中国茶叶分类	基本茶类	绿茶	蒸青	煎茶、玉露	
			晒青	滇青、川青、陕青	
			炒青	眉茶	特珍、珍眉、凤眉、秀眉
				珠茶	雨珍、秀眉
				细嫩绿茶	龙井、大方、碧螺春、雨花茶
			烘青	普通烘青	闽烘青、浙烘青、徽烘青、苏烘青
				细嫩烘青	黄山毛峰、太平猴魁
		白茶	白芽茶	白毫银针	
			白叶芽	白牡丹、贡眉	
		黄茶	黄芽茶	君山银针、蒙顶黄芽	
			黄小茶	北港毛尖、沩山毛尖、平阳黄汤	
			黄大茶	霍山黄大茶、广东大叶青	
		青茶	闽北乌龙	武夷岩茶、水仙、大红袍、肉桂	
			闽南乌龙	铁观音、奇兰、黄金桂	
			广东乌龙	凤凰单丛、凤凰水仙、岭头单丛	
			台湾乌龙	冻顶乌龙、包种、东方美人	
		红茶	小种红茶	正山小种、烟小种	
			工夫红茶	滇红、祁红、川红、闽红	
			红碎茶	叶茶、碎茶、片茶、末茶	
		黑茶	湖南黑茶	安化黑茶	
			湖北老青茶		
			四川边茶	南路边茶、西路边茶	
			滇桂黑茶	普洱茶、六堡茶	
	再加工茶	花茶	玫瑰花茶、珠兰花茶、茉莉花茶、桂花茶		
		紧压茶	黑砖、方茶、茯砖、饼茶		
		萃取茶	速溶茶、浓缩茶、罐装茶		
		果味茶	荔枝红茶、柠檬红茶、猕猴桃茶		
		保健茶	减肥茶、杜仲茶、降脂茶		
		茶饮料	茶可乐、茶汽水		

一、六大茶类

（一）绿茶

绿茶是我国最早生产的茶类，历史悠久，唐朝开始采用蒸青制法生产团饼茶，明代开始炒制散茶，元代起按鲜叶老嫩分类炒制散茶，沿袭至今。

绿茶是我国的主要茶类，基本加工工艺流程是鲜叶摊放、杀青、揉捻（做形）、干燥。杀青是绿茶加工过程中的关键工艺，其主要目的是利用高温钝化多酚氧化酶的活性，防止多酚类物质氧化，从而形成绿茶“绿叶清汤”的品质特征，故称绿茶。

图 4-2-1　绿茶鲜叶

根据原料嫩度和制作精细度，绿茶可分为大宗绿茶和名优绿茶。大宗绿茶一般为一芽二叶以上成熟度原料制成；名优绿茶嫩度较高，通常由全芽至一芽二叶初展的细嫩原料制成。

绿茶因加工工艺和品质特征上的差异，分为炒青绿茶、烘青绿茶、蒸青绿茶和晒青绿茶四类。其中炒青绿茶又可分为长炒青、圆炒青和扁炒青等，长炒青的精制产品主要是眉茶，圆炒青的精制产品主要是珠茶。普通烘青茶精制后是窨制花茶的茶坯，晒青绿茶产品部分就地销售，部分成为紧压茶的加工原料。近年来，蒸青绿茶在我国的产量逐渐增多，其产品主要供应出口（表 4-2-2）。

表 4-2-2　绿茶的常见类型

炒青绿茶	用锅炒的方式进行干燥，其香气鲜嫩高爽，滋味醇厚爽口、回味甘甜，汤色青绿明亮、白毫明显。著名的炒青绿茶有西湖龙井、洞庭碧螺春、雨花茶、庐山云雾、六安瓜片等
蒸青绿茶	用蒸汽杀青制成的绿茶，其品质特征有“三绿”，即干茶色泽翠绿、汤色碧绿、叶底嫩绿。代表茶有恩施玉露、仙人掌茶等
烘青绿茶	用烘焙的方法进行干燥而成的绿茶。与炒青绿茶相比，烘青绿茶颜色较绿润、条索较完整、香气略淡、汤色叶底黄绿明亮。代表茶有黄山毛峰、敬亭绿雪等
晒青绿茶	鲜叶通过杀青、揉捻后利用日光晒干的绿茶，绿茶里较独特的品种。滇青、陕青、川青等就是采用晒青的方式进行制作的
半烘炒绿茶	在干燥过程中通过先烘后炒的方法制成的绿茶，这种绿茶既有炒青绿茶的香高味浓，又保持了烘青绿茶茶条完整、白毫显露的特点

（二）红茶

红茶属于全发酵茶，在初制时，鲜叶先经萎凋，减重约 30% ～ 45%，增强酶活性，然后再经揉捻或揉切、发酵和烘干，形成红茶“红叶红汤、香甜味醇”的品质特征。干茶除了芽毫部分显金色，其余以乌黑油亮为好，所以英语中红茶被称为“Black tea”；发酵是红茶的关键工艺。明朝末期，红茶正式在中国出现，武夷山地区在制作茶叶时出现了汤色红赤的记载，武夷山的正山小种是世界红茶的鼻祖。

我国的红茶主要分为三种：小种红茶、工夫红茶、红碎茶。小种红茶以正山小种为代表，茶汤具有桂圆香，萎凋和干燥时用松木熏制，又具有松烟香，十分受欧洲人喜欢；工夫红茶比较有名的是祁门红茶、宁红茶、宜红茶、滇红工夫、川红工夫等；红碎茶是一种碎片或颗粒茶叶，是国际茶叶市场的大宗产品，占全球茶叶总出口量的 80% 左右，有百余年的产制历史，成品红碎茶外形为碎片或颗粒，汤色鲜红，香气鲜浓，滋味醇厚，富有收敛性。

图 4-2-2　正山小种

图 4-2-3　工夫红茶

图 4-2-4　红碎茶

福建省红茶的种类比较多，有白琳工夫、坦洋工夫和政和工夫等，另外杭州也有九曲红梅（制作工艺从武夷山传来）。近年来，随着红茶的流行，国内很多茶区都试制红茶。红碎茶的主要产地在云南省和海南省。

（三）黑茶

黑茶是我国特有的茶类，生产历史悠久，花色品种丰富。各种黑茶的紧压茶是藏族、蒙古族和维吾尔族等兄弟民族日常生活的必需品，黑茶以边销为主，部分内销，少量外销。

黑茶制作的基本工艺流程是杀青、揉捻、渥堆、干燥。黑茶原料较粗老，加之制作过程中往往堆积发酵时间较长，因而叶色油黑或黑褐，故称黑茶。渥堆是黑茶加工独有的工序，也是黑茶色、香、味品质形成的关键工序。由于特殊的加工工艺，黑茶具有滋味醇和不涩，汤色橙黄不绿，叶底黄褐不青的特色。

黑茶因产区和工艺上的差别有湖南黑茶、湖北老青茶、四川边茶和滇桂黑茶之分。黑茶按加工方法不同分为黑毛茶、砖茶、普洱（熟茶）、篓装茶等；按压制的形状不同，分为砖形茶，如茯砖茶、花砖茶、黑砖茶、老青砖茶、云南砖茶（紧茶）等；枕形茶，如康砖茶和金尖茶；碗臼形茶，如普洱沱茶、四川沱茶；篓装茶，如六堡茶、方包茶等；圆形茶，如饼茶、七子饼茶等。

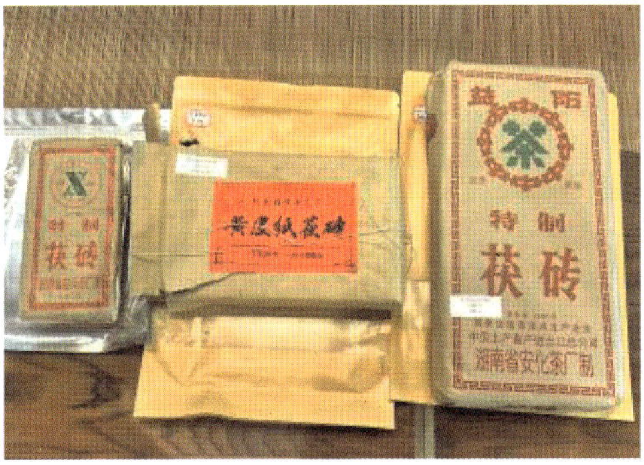

图 4-2-5　砖形茶

图 4-2-6　普洱沱茶

图 4-2-7　篓装茶

图 4-2-8　圆形茶

（四）青茶（乌龙茶）

青茶，又叫乌龙茶，是具有一定成熟度的鲜叶原料，经过晒青、晾青、做青、杀青、揉捻（包揉）、干燥等工序制出的半发酵茶。青茶品质特征的形成与它选择特殊的茶树品种（如水仙、铁观音、肉桂、黄棪、乌龙、青心乌龙、凤凰单丛等）、特殊的采摘标准和特殊的初制工艺是分不开的。鲜叶采摘掌握茶树新梢生长至一芽四五叶顶芽形成驻芽时，采其二三叶，俗称“开面采”。鲜叶先经晒青、晾青、做青，后在水筛或摇青机内，通过手臂或机器的转动，促使叶缘组织受摩擦，破坏叶细胞，有效控制多酚类发生酶促氧化聚合，生成茶黄素（橙黄色）和茶红素（棕红色）等物质，形成绿叶红边的特征，并激活糖苷酶活性，促进与香气结合的糖苷水解，形成游离态芳香物质，散发出一种特殊的芬芳香味。再经高温炒青，彻底破坏酶活性，并且经过揉捻，使青茶形成紧结粗壮的条索。最后烘焙，使茶香进一步发挥。

青茶主要产于福建、广东和台湾三地。福建乌龙茶又分闽北和闽南两大产区。闽北主要是武夷山、建瓯、建阳等县，产品以武夷岩茶大红袍、肉桂、水仙等为极品。闽南主要是安溪、永春、南安、同安、平和、华安等县，产品以安溪铁观音久负盛名。广东乌龙茶主要产于汕头地区的潮安、饶平、梅州等县，产品以潮安凤凰单丛和饶平岭头单丛品质为佳。台湾乌龙茶主要产于新竹、桃园、苗栗、台北、文山、南投等县，产品有乌龙和包种。

图 4-2-9　大红袍

图 4-2-10　肉桂

图 4-2-11　水仙

图 4-2-12　铁观音

青茶的发酵程度介于红茶和绿茶之间，但是风味却与红茶和绿茶不同，青茶由于发酵程度各异，香气和滋味也不同，从香气看，有清花香、熟甜花香、果香、品种香、地域香等多种类型；从滋味看，有鲜醇、醇厚、浓醇等多种口感。

（五）黄茶

黄茶基本工艺近似绿茶。黄茶与绿茶的区别在于在初制过程中，黄茶有闷黄工序；另外，黄茶的品质特点是“黄叶黄汤”。

根据嫩度的不同，我国黄茶可以分为黄芽茶、黄小茶和黄大茶。黄芽茶有君山银针、蒙顶黄芽、霍山黄芽等。黄小茶有远安鹿苑、北港毛尖、沩山毛尖、平阳黄汤等。黄大茶有霍山黄大茶、广东大叶青。

黄茶的“黄叶黄汤”品质特点，是热化作用形成的黄色物质造就的。热化作用有湿热作用和干热作用。湿热作用，其制品水分含量较高，如平阳黄汤的闷黄以湿热作用为主；干热作用，其制品水分含量较低，如蒙顶黄芽的闷黄以干热作用反复多次闷黄。湿热作用引起叶内一系列自动氧化（非酶促氧化）和水解反应，这是形成黄叶黄汤、滋味醇厚的主要方面；干热作用以发展黄茶的茶香为主。在绿茶加工中，如果加工技术不当，有可能出现黄汤（甚至红汤）黄叶的特点，但这种茶叶不能叫黄茶，只能算劣质绿茶。

（六）白茶

白茶是我国传统的特种外销茶类，产品主要有白毫银针、白牡丹、贡眉和寿眉，其中以白毫银针最为名贵。白茶制法一般不经炒揉，毛茶芽叶完整，形态自然，白毫不脱，毫香清鲜，汤色浅淡，滋味清甜甘爽。

图 4-2-13　陈年白毫银针

图 4-2-14　贡眉

白茶加工分萎凋、干燥两个工序。根据天气条件，采用不同的加工方法。在正常气候条件下，萎凋与干燥是连续进行的。白茶萎凋环境的温湿度影响失水速度，而失水速度直接决定萎凋时间的长短。在室温 20 ～ 25℃、相对湿度 70% 左右条件下，历时 50 ～ 60 小时萎凋品质最佳。低温高湿天气，当萎凋叶含水率降至 30% ～ 35%

时即可烘焙。遇天气阴雨突变，必须及时上烘，不能过分强调萎凋失水程度，以免品质变劣。

二、再加工茶类

以基本茶类——绿茶、红茶、青茶、白茶、黄茶、黑茶的原料经再加工而成的产品称为再加工茶，包括花茶、紧压茶、萃取茶、果味茶和药用保健茶等，分别具有不同的品味和功效。

（一）花茶

花茶又称窨制茶，或称香片，是精加工茶，配以香花窨制而成。花茶既保持了纯正的茶香，又兼备鲜花馥郁的香气，花香茶味别具风韵。用于窨制花茶的茶坯主要是绿茶，其次是青茶，还有少量红茶。花茶总的品质特征是芬芳的花香加上醇和的茶味。优质的花茶，不仅茶的质量好，而且花香浓郁，滋味鲜爽。

图 4-2-15　茉莉花茶

花茶依窨制的香花种类，分为茉莉花茶、白兰花茶、珠兰花茶、玳玳花茶、柚子花茶、桂花茶、玫瑰花茶等。也有把花名与茶名连在一起命名的，如茉莉烘青、珠兰大方、桂花乌龙等。其中以茉莉花茶数量最多，约占全国花茶总量的 90%。

（二）紧压茶

紧压茶以红茶、绿茶、青茶、黑茶的毛茶为原料，经加工、蒸压成型而制成，因此，紧压茶属于再加工茶类。中国目前生产的紧压茶主要有沱茶、普洱方茶、竹筒茶、米砖、圆茶、饼茶、花砖、黑砖、茯砖、康砖、青砖、金尖茶、方包茶、六堡茶、湘尖、紧茶等。

颜色：大都是暗色，视采用何种茶类为原料而有所不同，泡出来的茶汤颜色也属于深色。

原料：各种茶类的毛茶都可为原料，是属于再加工茶类。

香味：沉稳、厚重。

性质：现代紧压茶与古代的团茶、饼茶在原料上有所不同，古代是采摘茶树鲜叶经蒸青、磨碎、压模成型后干燥制成；现代紧压茶是以毛茶再加工，蒸压成型而成。

图 4-2-16　普洱熟茶茶饼

图 4-2-17　茯砖

图 4-2-18　藏茶康砖

（三）萃取茶

萃取茶是以成品茶或半成品茶为原料，用热水萃取茶叶中的可溶物，过滤弃去茶渣获得的茶汁，经浓缩或不浓缩，干燥或不干燥，制备成固态或液态茶，统称萃取茶，主要有罐装饮料茶、浓缩茶及速溶茶。

图 4-2-19　萃取茶

（四）果味茶

果味茶是在茶叶半成品或成品中加入果汁后制成的各种含有水果味的茶。这类茶叶既有茶味，又有果香味，风味独特。我国生产的果味茶主要有荔枝红茶、柠檬红茶、山楂茶等。

图 4-2-20　果味茶

（五）药用保健茶

药用保健茶是指用茶叶和某些中草药或食品拼和调配后制成的各种保健茶。茶叶本来就有营养保健作用，经过调配，更加强了它的某些防病治病的功效。保健茶种类繁多，功效也各不相同。

（六）含茶饮料

含茶饮料是在饮料中添加各种茶汁而开发出来的新型饮料，如茶可乐、茶露、茶汽水等。

【任务实施】

1. 任务描述

能根据茶叶的分类依据区分六大茶类和再加工茶类。

2. 操作条件

（1）准备工作：样茶盘、评茶杯碗、叶底盘、茶匙、天平、定时钟、烧水壶、标签号。

（2）茶样：具有代表性的六大类茶样各 1 款，再加工茶样 2 款。

3. 职业规范及注意事项

外形描述规范

4. 任务操作过程

（1）视频导入，组织学生观看微课视频六大茶类的识别，引出六大茶类的分类、加工工艺特点。

（2）总结各类茶典型品质特征，完成以下表格，见表 4-2-3 。

表 4-2-3　各类茶典型品质特征

茶叶	加工工序	关键工序	品质特征	主要品种	属于何种发酵
绿茶					
黄茶					
黑茶					
白茶					
青茶					
红茶					

（3）组织学生讨论六大茶类与再加工茶分类原则，完成以下表格，见表 4-2-4。

表 4-2-4　六大茶类与再加工茶分类原则

茶叶	分类原则	类型	特征	代表性茶
绿茶				
黄茶				
黑茶				
白茶				
青茶				
红茶				
再加工茶				

（4）任务分组：准备六大茶类和再加工茶共 8 款，分成 4 组，每组成员 4～6 人。每组完成 8 款茶的识别，通过观察样茶盘里 8 款茶叶，绿茶（碧螺春）、黄茶（君山银针）、黑茶（六堡茶）、白茶（白毫银针）、青茶（铁观音）、红茶（正山小种）、再加工茶（茯砖）、再加工茶（茉莉花茶）的外形，并运用审评基础知识开汤审评内质，完成以下表格并记录茶的品质特征，见表 4-2-5。

实训步骤：

第一步，备具：样茶盘、评茶杯碗、叶底盘、茶匙、天平、定时钟、烧水壶等。

第二步，备样：具有代表性的六大类茶样各 1 款，再加工茶茶样 2 款。

第三步，把盘评外形，计分。

第四步，扦样。

第五步，开汤评内质汤色、香气、滋味、叶底，并计分。

第六步，评价。

第七步，收样、收具。

第八步，实训结束。

表 4-2-5 茶叶质量感官审评记录表

茶品名: 记录者编号 年 月 日

		外形				内质			
		形状	色泽	整碎	净度	香气	汤色	滋味	叶底
A	评语								
	评分								
B	评语								
	评分								
C	评语								
	评分								
D	评语								
	评分								

【评价反馈】

(1) 成果展示，每个小组选择代表展示学习成果，由其他同学提出改进建议。

(2) 针对每位同学的学习成果，完成以下评价表，见表 4-2-6。

表 4-2-6 评价表

序号	评价内容	评价标准	个人自评	教师点评	评价结果
1	分类依据	能够说出各大茶类的分类依据	优□良□差□	优□良□差□	优□良□差□
2	六大茶类的分类及代表性茶	能够说出绿茶的分类和代表性茶 能够说出白茶的分类和代表性茶 能够说出黄茶的分类和代表性茶 能够说出乌龙茶的分类和代表性茶 能够说出红茶的分类和代表性茶 能够说出黑茶的分类和代表性茶	优□良□差□	优□良□差□	优□良□差□
3	六大茶类的加工及品质特征	能够掌握绿茶加工工艺和品质特征 能够掌握白茶加工工艺和品质特征 能够掌握黄茶加工工艺和品质特征 能够掌握乌龙茶加工工艺和品质特征 能够掌握红茶加工工艺和品质特征 能够掌握黑茶加工工艺和品质特征	优□良□差□	优□良□差□	优□良□差□
4	再加工茶的分类	能够说出再加工茶的分类	优□良□差□	优□良□差□	优□良□差□

【理论测验】

1. 茶叶的分类依据是按照________、________可分为六大茶类和再加工茶。
2. 绿茶的加工工艺是________，关键工序是________。
3. 青茶的加工工艺是________，关键工序是________。
4. 按照不同的分类标准，茶叶的分类方式可分为____________。
5. 黄茶的品质特征是___________。
6. 红碎茶的品质特征是___________。

【拓展训练】

中国茶叶采摘、加工与饮用的历史十分悠久，茶农们在实际加工过程中逐渐创造发展出丰富多彩的茶叶品种，每款茶都具有独特性，当我们面对一款不熟悉的茶时，如何分辨出它的类别呢?

解决途径：可以试图从茶叶的外形特征去分辨，包括色泽、香气、条索，也可以通过开汤审评的方式评价茶叶的内质，更科学客观地分辨出茶叶。

任务三　辨别中国六大茶类的代表性名茶

基本知识

一、名优茶

世界及中国茶区划分

1．名优茶的定义

名优茶是适时选择山头好、土壤好、嫩度恰好的茶叶原料来加工的茶叶，常伴着原产地保护和特定的品种。

2．名优茶的特点

名优，顾名思义就是茶叶中的珍品、佼佼者，是高档茶，其必定品质优异、风格独特；在茶叶色泽（干茶和叶底的色泽要鲜活、调匀）、汤色、香气（幽雅、馥郁、鲜爽、持久，具花香、果香等）、滋味（醇和、回甘）、形状（造型匀整、雅致、富有艺术形象和特有风格）等方面俱佳，且符合国家制定的饮用卫生标准，在市场上享有盛誉的茶叶。而无论何种名优茶，无不是由其得天独厚的自然环境、优良的茶树品种、精细的采摘和精湛的加工工艺等综合条件影响而形成的。

（1）优越的地理环境。“高山云雾出好茶”这句话道出了好茶与地理环境的关系。我国大多数名优茶具有得天独厚的生态条件，有的产于名山名胜风景区，有的产于云雾缭绕的高山，有的产于湖岛或湖滨，如著名的庐山云雾茶生长在庐山海拔800米以上的高山，西湖龙井茶产于风景秀美的西湖风景区，蒙顶甘露产在山巅五峰之间，洞庭碧螺春产于太湖之滨的洞庭东西二山。

（2）优良的茶树品种。名茶离不了名种，名种是采制名优茶的物质基础。例如，福鼎白茶是福鼎大白茶和福鼎大毫茶树种制成的；由祁门槠叶种制成的祁门工夫红茶，以其香高味醇而驰名中外；在安徽，黄山毛峰以黄山大叶种等制成。

（3）精细的采摘标准。名优茶鲜叶采摘十分考究，一般都以鲜叶细嫩、均匀著称。采摘要求甚为严格精细，又有各种茶独特的造型与品质要求，对鲜叶原料也各有要求。如六安瓜片采摘在谷雨到立夏之间，选取新梢单片；太平猴魁开采也在谷雨前后，要取一芽三叶采摘。

（4）精湛的工艺技术。各种名优茶不是具有突出的外形特征，就是具有突出的内质特点，而最容易识别的是其独特的外形。精湛巧妙的工艺技术，能使圆则圆，使扁则扁，使条直则条直，使条索卷曲则卷曲。如西湖龙井的“十大”手法；太平猴魁的理条；六安瓜片的拉小火、拉老火等。

二、大宗茶

1．大宗茶的定义

大宗茶也是大众茶，是指产量大、大众都能消费的茶叶。

2．大宗茶的特点

大宗茶特点：数量大，面向群体广泛，原料要求多样，对品质要求比较低，基本实现机械化生产。

我国在国内外市场上销售的大宗茶有绿茶、红茶、青茶（乌龙茶）、白茶、黄茶和黑茶（成品为紧压茶）六大类。这些茶类的加工机械除一些专用设备外，多采用大宗绿茶和红茶加工所使用的设备，只是根据茶类加工特点不同而采用不同的加工工艺。大宗绿茶和红茶加工机械可分为鲜叶贮存机械、萎凋机械、杀青机械、揉捻和揉切机械、发酵机械和干燥机械等。

三、中国名茶简介

1．绿茶代表性名茶

（1）西湖龙井：原产地为杭州市西湖区。鲜叶采摘细嫩，要求芽叶均匀成朵。

高级西湖龙井做工特别精细，具有“色绿、香郁、味甘、形美”的品质特征。西湖龙井茶外形嫩叶包芽，扁平挺直似碗钉，匀齐光滑，芽毫隐藏稀见，色绿微带嫩黄光润；汤色嫩绿，清澈明亮；香气鲜嫩馥郁，清高持久；滋味甘鲜醇厚，有新鲜橄榄的回味；叶底嫩匀成朵。

西湖龙井茶因产地不同，产品各显特色，历史上有“狮”“龙”“云”“虎”“梅”五个类型。狮峰龙井色泽绿中呈黄，俗称“糙米色”，香郁味甘醇，品质最佳。梅坞龙井形状格外扁平光滑，色泽绿翠。

图 4-3-1 西湖龙井

目前，《地理标志产品 龙井茶》（GB/T18650—2008）将龙井茶分为西湖产区、钱塘产区和越州产区三个产区，即杭州市西湖区（西湖风景名胜区）现辖行政区域为西湖产区；杭州市萧山、滨江、余杭、富阳、临安、桐庐、建德、淳安等县（市、区）现辖行政区域为钱塘产区；绍兴市绍兴、越城、新昌、嵊州、诸暨等县（市、区）现辖行政区域以及上虞、磐安、东阳、天台等县（市）现辖部分乡镇区域为越州产区。

（2）洞庭（山）碧螺春：原产地在江苏省苏州市太湖中的洞庭山，此茶系采自传统茶树品种或选用适宜的良种进行繁育、栽培的茶树的幼嫩芽叶，经独特的工艺加工而成，具有“纤细多毫，卷曲呈螺，嫩香持久；滋味鲜醇，同味甘甜”的主要品质特征，为历史名茶。

（3）黄山毛峰：产于安徽省黄山市。干茶外形芽叶肥壮，嫩绿显毫；汤色嫩绿明亮；香气清鲜高长；滋味鲜醇甘爽；叶底嫩匀成朵绿亮。

图 4-3-2 黄山毛峰

（4）雨花茶：产于江苏省南京市中山陵园和雨花台一带。外形呈松针状，条索紧直浑圆，锋苗挺秀，白毫显露，色泽绿翠；内质香气清高幽雅；汤色绿、清澈明亮；滋味鲜爽；叶底细嫩匀净。

（5）庐山云雾：产于江西省九江市庐山。外形条索紧细显锋苗，翠绿隐毫；汤色绿明亮；香气清香带兰花香或嫩栗香；滋味浓醇回甘；叶底嫩匀绿亮。具有“味浓醇、香清幽”的独一无二的品质特征。

图 4-3-3 雨花茶

（6）太平猴魁：产于安徽省黄山市北麓的黄山区（原太平县新明、龙门、三口）一带。外形平展、整枝挺直，两叶抱一芽，如含苞的白兰花，叶质肥壮重实，含毫而不露，色泽苍绿匀润；内质香气高爽持久，含花香；汤色清绿明净；滋味鲜醇回甜；叶底芽叶肥壮，嫩匀成朵，嫩绿明亮。外形与之相似的有泾县尖茶（极品为提魁与特尖）。

图 4-3-4 太平猴魁

（7）六安瓜片：产于安徽省六安市，以齐云山蝙蝠洞一带所产的品质最好，称“齐山瓜片”。六安瓜片品质特征为外形平展，单片叶不带芽和茎梗，叶绿微向上重叠，形似瓜子，故称瓜片。其色泽翠绿光润；内质香气清高；汤色碧绿；滋味鲜醇回甜；叶底厚实明亮。

图 4-3-5 六安瓜片

（8）信阳毛尖：产于河南省信阳地区。外形条索紧细、圆、光、直，有锋苗，色泽银绿隐翠；内质香气高鲜，有熟板栗香；汤色碧绿明净；滋味鲜醇厚，饮后回味生津；叶底嫩绿匀整。

（9）都匀毛尖：产于贵州省都匀市。外形条索紧细卷曲，毫毛显露，色泽绿润；内质香气清嫩鲜；滋味鲜浓回甜；汤色清澈；叶底嫩绿匀齐。

（10）桂平西山茶：产于广西壮族自治区桂平市。外形条索紧细微曲，有锋苗，色泽青翠；内质香气清鲜；汤色清澈明亮；滋味醇甘爽口；叶底柔嫩成朵，嫩绿明亮。

（11）凌云白毫：又称凌云白毛茶，产于广西壮族自治区百色市凌云、乐业两县的云雾山中，外形条索壮实，满披白毫，色泽银灰绿色；内质香气清高，有熟板栗香；汤色清澈明亮；滋味浓厚鲜爽，耐冲泡；叶底芽叶肥嫩柔软。

（12）蒙顶甘露：产于四川省名山区蒙山顶的甘露峰，蒙山种茶已有 2000 年左右历史，品质极佳。外形条索紧卷多毫，嫩绿油润；内质香气鲜嫩，馥郁芬芳；汤色碧绿带黄，清澈明亮；滋味鲜爽，醇厚回甜；叶底嫩绿，秀丽匀整。

图 4-3-6 信阳毛尖

（13）竹叶青：产于四川省峨眉山。外形纤秀，全芽如眉，色泽绿润，内质香高味鲜醇，叶绿汤清，全芽完整。

（14）安吉白茶：产于浙江省安吉县。该茶由于其品种独特，嫩叶有“阶段性返白”的特点。鲜叶幼嫩时叶绿素含量特低，以鲜叶呈嫩白色而得名。安吉白茶的另一特点为多酚类含量低，只有 10% 左右，氨基酸含量高，达 6% 以上。因此，其品质奇特，表现为醇和且特别鲜爽，香气清鲜；汤色绿而清澈明亮；外形自然呈兰花形，干茶色泽鲜绿带嫩黄；叶底色泽嫩白似玉，叶脉翠绿。

图 4-3-7　凌云白毫

图 4-3-8　安吉白茶

2．黄茶代表性名茶

（1）君山银针：产于湖南省岳阳君山。君山银针全由未展开的肥嫩芽头制成。制法特点是在初烘、复烘前后进行摊凉和初包、复包，形成变黄特征。君山银针外形芽头肥壮挺直、匀齐，满披茸毛，色泽金黄光亮，称“金镶玉”；内质香气清鲜，汤色浅黄，滋味甜爽。冲泡后芽尖冲向水面，悬空竖立，继而徐徐下沉杯底，状如群笋出土，又似金枪直立，汤色茶影，交相辉映，极为美观。

图 4-3-9　黄茶君山银针

（2）蒙顶黄芽：产于四川省名山区。鲜叶采摘标准为单芽或一芽一叶初展，每 500g 鲜叶约有 8000 ～ 10000 个芽头，初制分为杀青、初包、复锅、复包、三炒、四炒、烘焙等过程。外形芽叶整齐，形状扁直，肥嫩多毫，色泽金黄；内质香气清纯；汤色黄亮；滋味甘醇；叶底嫩匀，黄绿明亮。

（3）莫干黄芽：产于浙江省德清县莫干山。鲜叶采摘标准为一芽一叶初展，每 500g 干茶约含 4 万多个芽头。初制分为摊放、杀青、轻揉、闷黄、初烘、锅炒、复烘七道工序。外形紧细匀齐略勾曲，茸毛显露，色泽黄绿油润；内质香气嫩香持久；汤色橙黄明亮；滋味醇爽可口；叶底幼嫩似莲心。

图 4-3-10　蒙顶黄芽

（4）霍山黄芽：产于安徽省霍山县大化坪金字山、金竹坪、磨子潭一带。鲜叶采摘标准为单芽或一芽一叶初展，初制分为摊青、杀青、轻揉、初烘、闷黄、烘焙等过程。外形芽叶肥壮、扁直，形似雀舌，色泽嫩黄；内质香气嫩甜，带熟板栗香；汤色浅黄明亮；滋味醇和回甘；叶底嫩匀完整、绿黄明亮。

（5）平阳黄汤：产于浙江省泰顺县及苍南县，中华人民共和国成立前，泰顺县生产的黄汤主要由平阳茶商收购经销，因而称平阳黄汤。初制分杀青、揉捻、闷堆、干燥四道工序。外形条索紧结匀整，锋毫显露，色泽嫩黄油润；内质香高持久；汤色浅黄明亮；滋味甘醇；叶底匀整，嫩黄明亮。其独一无二的品质特征为“杏黄汤、玉米香”。

（6）沩山毛尖：产于湖南省宁乡市汤山。外形叶边微卷成条块状，金毫显露，色泽嫩黄油润；内质香气有浓厚的松烟香；汤色橙黄明亮；滋味甜醇爽口；叶底芽叶肥厚。为甘肃、新疆等消费者所喜爱。形成汤山毛尖黄亮色泽和松烟味品质特征的关键在于，杀青后采用了“闷黄”以及烘焙时采用了“烟熏”这两道工序。

（7）北港毛尖：产于湖南省岳阳北港。初制分为杀青、锅揉、闷黄、复揉、烘干五个过程。外形条索紧结重实卷曲，白毫显露，色泽金黄；内质香气清高；汤色杏黄明亮；滋味醇厚，耐冲泡，冲三四次后尚有余味。

（8）霍山黄大茶：鲜叶为一芽四五叶。初制分为杀青与揉捻、初烘、堆积、烘焙等过程。堆积时间较长（5～7天），烘焙火工较足，下烘后趁热踩篓包装，是形成霍山黄大茶品质特征的主要原因。外形叶大梗长，梗叶相连，色泽黄褐鲜润；内质香气有突出的高爽焦香，似锅巴香；汤色深黄明亮；滋味浓厚，耐冲泡；叶底黄亮。为山东沂蒙山区的消费者所喜爱。

3. 黑茶代表性名茶

（1）湘尖：湘尖是黑茶紧压茶的上品，呈圆柱形篓包装，规格为580mm × 350mm × 500mm，重量为50kg、45kg、40kg。按原料级别不同又分为湘尖一号、二号、三号，也称为天尖、贡尖和生尖。清朝道光年间，天尖和贡尖曾被列为贡品。

（2）黑砖：压制黑砖茶的原料成分为80%的三级黑毛茶和15%的四级黑毛茶以及5%的其他茶，总含梗量不超过18%。黑砖茶不分等级，规格为350mm × 180mm × 35mm。

黑砖茶外观为砖形，要求砖面平整，花纹图案清晰，棱角分明，厚薄一致，砖面上方有“黑砖茶”三字，下方有“湖南安化”四字，中部为五角星。色泽黑褐，无黑霉、白霉、青霉等霉菌；内质要求香气纯正或带松烟香；汤色橙黄；滋味醇和微涩。

（3）花砖：花砖和花卷的原料相同，压制花砖的原料大部分为三级黑毛茶及少量降档的二级黑毛茶，总含梗量不超过 15%。花砖茶不分等级，规格为 350mm × 180mm × 35mm。花砖茶砖面上方压印有“中茶”商标图案，下方压印有“安化花砖”字样，四边压印斜条花纹。花砖茶外形要求砖面平整，花纹图案清晰，棱角分明，厚薄一致，色泽黑褐，无黑霉、白霉、青霉等霉菌；内质则香气纯正或带松烟香；汤色橙黄；滋味醇和。

（4）花卷：筑制在长形筒的篾篓中呈圆柱形的紧压茶，高 1470mm，直径 200mm，一卷茶净重合老秤 1000 两，别名“千两茶”即源于此。

（5）茯砖：又名“湖茶”“伏茶”或“泾阳砖”，现集中在湖南益阳和临湘两个茶厂生产。茯砖分特制茯砖和普通茯砖两个品种，主要区别在于拼配原料的不同，二者均不再另设等级。其中特制茯砖全部用三级黑毛茶压制而成，而普通茯砖的原料中三级黑毛茶只占 40% ～ 45%，四级黑毛茶占 5% ～ 10%，其他茶占 50%。茯砖茶为长方体形，规格为 350mm × 18.50mm × 45mm。

茯砖茶的品质特征为砖面平整，花纹图案清晰，棱角分明，厚薄一致，发花普遍茂盛。特茯为褐黑色，普茯为黄褐色，砖内无黑霉、白霉、青霉、红霉等杂菌。香气纯正，汤色橙黄。特茯滋味醇和，普茯滋味醇和、无涩味。茯砖茶特别要求砖内金黄色冠突伞囊菌霉苗（俗称“金花”）颗粒大，干嗅有菌花清香。

（6）青砖茶：主要产于湖北省的赤壁市、咸宁市、通山县、崇阳县、通城县等地，是以老青茶为原料压制而成的砖茶，也不分等级，规格为 340mm × 170mm × 40mm。最外一层称洒面，原料的质量最好；最里面的一层称二面，质量次之；这两层之间的一层称里茶，质量较差。洒面茶以青梗为主，基部稍带红梗，条索较紧，色泽乌绿；二面茶以红梗为主，顶部稍带青梗，叶子成条，叶色乌绿微黄；里茶为当年生红梗，不带麻梗，叶面卷皱，叶色乌绿带花。一般而言，洒面、二面各为 0.125kg，里茶为 1.75kg。

青砖茶要求砖面光滑，棱角整齐，紧结平整，色泽青褐，压印纹理清晰，砖内无黑霉、白霉、青霉等霉菌；香气纯正，滋味醇和，汤色橙红，叶底暗褐。

（7）六堡茶：六堡茶原产于广西壮族自治区苍梧县六堡乡，已有 200 多年的生产历史。主产梧州地区以及浔江、郁江、贺江、柳江和红水河两岸，有苍梧县、贺州市、横州市、恭城瑶族自治县、钟山县、富川瑶族自治县、贵港市、三江侗族自治县、河池市、柳城县等 20 多个县市均生产六堡散茶。邻近的广东省罗定、肇庆市等也有少量生产。

六堡茶鲜叶为灌木型中叶槠叶种，采摘标准为一芽一叶至五叶新梢，原料嫩度较高。从芽色分有四种，即青苗茶占 60%，紫芽茶占 20%，大白叶茶占 5%，米碎茶占 15%。以青苗茶产量最高，品质也最好。经摊青、低温杀青、揉捻、沤堆、复揉、干燥制成毛茶。干燥切忌以晒代烘，所用烧柴切忌用有异味的樟木、油松等柴火或湿柴，以免影响品质。六堡毛茶外形条索粗壮，长整不碎，色泽黑褐油润；内质汤色红黄明亮，香气醇纯带烟香；滋味浓醇爽口；叶底绿褐稍红，较嫩匀。

六堡茶采用传统的竹篓包装，有利于茶叶贮存时内含物质继续转化，使滋味变醇、汤色加深、陈香显露。精制工艺为：毛茶→过筛整形→拣梗拣片→拼堆→冷发酵→烘干→上蒸→踩篓→凉置陈化。产品分特级、一至六级、级外（粗茶），每级又分为上、中、下三个等级。六堡茶成品有制成块状的，也有制成砖状、金钱状的，如“四金钱”。圆柱形篓包状，高 570mm，直径 530mm，每篓净重有 55kg、50kg、45kg、40kg、37.5kg 等几种规格。品质特征为条索肥壮或粗壮，长整尚紧，压结成块，色泽黑褐润；内质香气陈香浓郁似槟榔香；汤色红浓似琥珀，有深厚感；滋味陈醇甘滑，清凉甘甜；叶底黑褐泛棕。耐冲泡，有特殊的松烟味和槟榔香气，适当存放越久品质越佳。其品质素以“红、浓、陈、醇”四绝而著称。主销广东、广西、港澳地区，外销东南亚。

（8）普洱（熟）散茶：普洱（熟）茶属黑茶类。普洱（熟）茶是晒青毛茶经过后发酵而成的，采用人工除化工艺，加速了普洱茶的后熟作用，达到外形色泽褐红，汤色红浓，陈香浓郁，滋味醇和、爽滑的品质要求。其加工工艺流程为：晒青毛茶→分级→后发酵→自然风干→筛分→拣剔→匀堆→包装。

普洱（熟）散茶的原料嫩度较好，高档普洱茶以一芽二叶为主，中档茶则以一芽二三叶及一芽三四叶为主。普洱茶条索肥壮紧实，色泽乌润或褐红（俗称猪肝色）；汤色红浓明亮；滋味醇厚回甘，并具有独特的陈香；叶底肥嫩厚实，呈红褐色。

（9）普洱（熟茶）紧压茶：普洱（熟茶）紧压茶外形有圆饼形、碗臼形、方形、柱形等多种形状和规格。普洱（熟茶）紧压茶外形色泽红褐，形状端正匀称、松紧适度、不起层脱面；洒面、包心的茶，包心不外露；内质汤色红浓明亮，香气独特；滋味醇厚回甘；叶底红褐。

图 4-3-11　普洱熟茶

（10）康砖：是以康南边茶、川南边茶为主要原料，经过毛茶筛分、半成品拼配、蒸汽压制定型、干燥、成品包装等工艺过程制成的。净重 500g，不分等级，规格为 170mm × 90mm × 60mm。康砖茶品质要求：外形圆角长方形，表面平整、紧实，洒面明显，色泽棕褐。砖内无黑霉、白霉、青霉等霉菌。内质方面包括香气纯正；汤色红褐、尚明；滋味纯尚浓；叶底棕褐稍花。

4．白茶代表性名茶

（1）白毫银针：白毫银针外形芽针肥壮，满披白毫，色泽银亮。内质香气清鲜，毫味鲜甜；滋味清鲜甘爽；汤色清澈晶亮，呈浅杏黄色。产于福鼎的北路银针芽头肥嫩，茸毛疏松，呈银白色，滋味清鲜。产于政和的西路银针，芽壮毫显，呈银灰色，滋味浓厚。

图 4-3-12　白毫银针

（2）白牡丹：外形自然舒展，二叶抱芯，色泽灰绿，毫香显；滋味鲜醇；汤色橙黄清澈明亮；叶底芽叶成朵，肥嫩匀整。因鲜叶采自不同品种的茶树，成茶有大白、小白、水仙白之分，品质也有差异。

图 4-3-13　贡眉

（3）贡眉：以菜茶为原料，采一芽二三叶，品质次于白牡丹。菜茶的芽虽小，但要求原料必须符合产品的规格，含有嫩芽、壮芽。鲜叶原料不能带有对夹叶。

（4）寿眉：是大白、小白精制后的副产品。不含芽，叶梗较长。

5．青茶（乌龙茶）代表性名茶

（1）安溪铁观音：原产于安溪县，是历史名茶。铁观音既是茶名，又是茶树品种名，因身骨沉重如铁、形美似观音而得名，是闽南青茶（闽南乌龙茶）中的极品。外形条索圆结匀净，多呈螺旋形；身骨重实，色泽砂绿翠润，青腹绿蒂，俗称“香蕉色”；内质香气清高馥郁，具天然的兰花香；汤色清澈金黄；滋味醇厚甘鲜，“音韵”明显。耐冲泡，七泡尚有余香；叶底开展，肥厚软亮匀整。

图 4-3-14　安溪铁观音

（2）漳平水仙：漳平水仙茶饼产自福建漳平市，方饼形，外形属紧压茶类，传统茶饼外形呈小方块，边长约为 50mm × 50mm，厚 10mm 左右，形似方饼，干色乌褐油润，干香纯正。内质香气高爽，具花香且香型优雅，

图 4-3-15　漳平水仙

有兰花香型、桂花香型等；滋味醇正甘爽且味中透香；汤色橙黄，清澈明亮；叶底肥厚黄亮，红边鲜明。漳平市现行制定的水仙茶饼标准规格边长约为3.80mm，方便冲泡。

（3）黄金桂：也称黄棪。原产于安溪县，黄金桂品质具有“一早二奇”的特点，“一早”即萌芽、采制、上市早；“二奇”即外形“黄、匀、细”，内质“香、奇、鲜”。成茶条索紧结卷曲，色泽黄绿油润，细秀匀整美观。内质香气高强清长，香型优雅，有“露在其外”之感，俗称“透天香”；滋味清醇鲜爽；汤色金黄明亮；叶底柔软黄绿明亮，红边鲜亮。

（4）大红袍：既是茶树名，又是茶叶商品名，其成茶以无性繁育的大红袍茶叶为主，并辅之以恰好的火功技术（用武夷岩茶传统的焙制方法），它既保持母树大红袍茶叶的优良特性，又有其特殊的香韵品质。大红袍茶的品质特征是条索扭曲、紧结、壮实；色泽青褐油润带宝色，香气馥郁，有锐、浓长、清、幽远之感；滋味浓而醇厚、鲜活回甘、岩韵明显，杯底余香持久；汤色深橙黄且清亮艳丽；叶底软亮、匀齐，红边鲜明。

（5）武夷肉桂：在武夷山有100多年栽培史，是20世纪80年代选育推广的品种，以香气辛锐浓长似桂皮香而突出。肉桂外形条索匀整卷曲；色泽褐绿，油润有光；干茶嗅之有甜香，香气浓郁持久，以辛锐见长，有蜜桃香或桂皮香，佳者带乳香；滋味醇厚鲜爽、强、回甘快且持久；汤色金黄清亮；叶底褐亮柔软，红边明显。

图 4-3-16　武夷肉桂

（6）武夷水仙：用水仙品种制成的为武夷水仙。水仙为传统的外引品种，种植在武夷茶区将近百年。武夷水仙品质特性优良稳定，外形条索肥壮、重实，叶端扭曲，主脉宽大扁平，色泽绿褐油润或青褐油润，香气浓郁清长，具特有的兰花香；滋味浓厚、甘滑清爽、喉韵明显；汤色清亮浓艳、呈深金黄色，耐冲泡；叶底肥厚软亮，红边鲜明。

（7）凤凰单丛：采制于凤凰水仙群体之优异单株。历经数百年历代茶农单株选优、单株培育、单株采制而得名。凤凰当地群众习惯以茶树叶型、树型及其成茶香型来对各种单丛予以冠名，由株系和品质特征结合，划分十种主要香型，即黄枝香、芝兰香、蜜兰香、桂花香、

图 4-3-17　凤凰单丛

玉兰香、姜花香、夜来香、茉莉香、杏仁香、肉桂香。产品名称常见的有黄枝香单丛、桂花香单丛、玉兰香单丛、蜜兰香单丛等。黄枝香单丛茶具黄枝花香山韵，耐冲泡；桂花香单丛茶具桂花香山韵；芝兰香单丛茶具芝兰香山韵，耐冲泡；玉兰香单丛茶具玉兰花香山韵，耐冲泡；米兰香单丛茶具小叶米兰花香韵，耐冲泡。

（8）凤凰水仙：潮安产茶，主要产区为凤凰山一带，因茶树叶型大，呈长椭圆形或椭圆形，多数平展或略向叶面卷，色泽绿，有油光，或淡绿欠油光，先端多突尖，叶尖下垂，略似鸟嘴，故当地农民称之为“鸟嘴茶”，1956 年正式定名“凤凰水仙”。

采制成茶后，采用水仙群体中经过选育繁育的单丛茶树制作的优质产品属单丛级，较次的为浪菜级，再次的为水仙级。

（9）文山包种茶：也称“清茶”。产于台湾省台北市的文山区、南港区、木栅区等地。文山包种茶采摘精细，属轻发酵茶类，外形条索自然弯曲，色泽深绿油润。内质香气清新持久，有自然花香；滋味甘醇、滑活、鲜爽回味强；汤色蜜绿或蜜黄色，清亮。

（10）冻顶乌龙茶：冻顶乌龙茶属“半球型包种茶”，产于台湾省的南投县。外形条索自然卷曲成半球形，整齐紧结，白毫显露，色泽翠绿鲜艳有光泽，干茶具强烈芳香，冲泡后清香明显，带自然花香一果香；汤色蜜黄或金黄，清透鲜亮；滋味醇厚甘甜，富活性，回味强；叶底嫩柔有芽。

典型冻顶乌龙茶的特征是喉韵十足，带明显的人工焙火韵味与香气，饮后令人回味无穷，主产于南投县鹿谷乡。台湾乌龙茶还有松柏长青茶、竹山（或杉林溪）乌龙茶、梅山乌龙茶、玉山乌龙茶、阿里山珠露、阿里山乌龙茶等，其外观呈紧结墨绿之半球状。

（11）白毫乌龙茶：白毫乌龙茶（又名膨风茶、东方美人茶、香槟乌龙茶）产于夏季，在台湾新竹县北埔、峨眉乡及苗栗县头份等地的青心大有品种，限用手采茶菁，且唯有经小绿叶蝉咬食者才能制成较佳品质之白毫乌龙茶，是台湾新竹、苗栗特产。

典型的白毫乌龙茶品质特征为外观艳丽多彩，明显的红、白、黄、褐、绿五色相间；形状自然卷缩宛如花朵，香气带有明显的天然熟果香；滋味似蜂蜜般的甘甜，茶汤鲜艳橙红；叶底淡褐有红边，叶基部呈淡绿色，叶片完整，芽叶连枝。

6．红茶代表性名茶

（1）正山小种：外形条索粗壮长直，身骨重实，色泽乌黑油润有光；内质香高，具松烟香；汤色呈糖浆状的深金黄色；滋味醇厚，似桂圆汤味；叶底厚实光滑，呈古铜色。

（2）祁红工夫：产于安徽省祁门及其毗邻各县。制工精细。外形条索细秀而稍弯曲，有锋苗，色泽乌润略带灰光；内质香气特征最为明显，带有类似蜜糖香气，持久不散，在国际市场上被誉为“祁门香”；汤色红亮；滋味鲜醇带甜；叶底红明亮。

图 4-3-18　祁红工夫

（3）滇红工夫：产于云南省凤庆、临沧、双江等地，用大叶种茶树鲜叶制成，品质特征明显，外形条索肥壮紧结、重实、匀整，色泽乌润带红褐，金毫特多；内质香气高鲜；汤色红艳带金圈；滋味浓厚刺激性强；叶底肥厚，红艳鲜明。

图 4-3-19　滇红工夫

（4）川红工夫：产于四川宜宾，外形条索紧结壮实美观，有锋苗，多毫，色泽乌润；内质香气鲜而带橘糖香；汤色红亮；滋味鲜醇爽口；叶底红亮匀整。

（5）宜红工夫：产于湖北宜昌，外形条索细紧有毫，色泽尚乌润；内质香气甜纯似祁红；汤色红亮；滋味尚鲜醇；叶底红亮。

（6）闽红工夫：分白琳工夫、坦洋工夫和政和工夫三种。

白琳工夫产于福建福鼎，外形条索细长弯曲，多白毫，色泽乌褐带金；内质香气纯而带甘草香；汤色浅而明亮；滋味清鲜稍淡；叶底鲜红带黄。

坦洋工夫产于福建坦洋，外形条索细薄而飘，带白毫，色泽乌黑有光；内质香气稍低；茶汤呈深金黄色；滋味清鲜甜和；叶底软亮匀整。

政和工夫产于福建政和，外形条索肥壮重实，色泽乌润带金毫；内质香气高锐带花果香；茶汤红艳明亮；滋味醇和甘甜；叶底软亮呈古铜色。

7．花茶代表性名茶

（1）茉莉花茶：茉莉花茶的品质特点是香气芬芳、浓郁、鲜灵，香而不浮，鲜而不浊；滋味醇厚。品啜之后唇齿留香，余味悠长。茉莉花茶因采用的茶坯原料不一，有茉莉烘青、茉莉炒青、茉莉龙井、茉莉大方、特种茉莉花茶等。

大宗茉莉花茶以烘青绿茶为主要原料，统称茉莉烘青。茉莉烘青根据其采用原料的嫩度与加工的精细程度，分为高档茉莉烘青、中档茉莉烘青和低档茉莉烘青。

高档茉莉烘青（四窨及四窨以上的茉莉花茶），也称特种茉莉花茶，外形细嫩、显毫；内质汤色嫩黄、清澈明亮；香气浓郁、鲜灵；滋味甘醇；叶底嫩匀、嫩绿或嫩黄明亮。中档茉莉烘青（二窨至三窨的茉莉花茶）的品质特征为外形条索壮结，多毫，有锋苗，色褐绿润，有的可见少量茉莉花干；内质汤色黄明亮，香气浓郁、纯正、较持久（要求茉莉花香盖过茶香，基本不能闻出茶香）；滋味浓醇爽；叶底嫩匀、黄绿明亮。低档茉莉烘青（一窨及一窨以下的茉莉花茶）的品质特征为外形条索尚紧实尚成条，有的可见较多的茉莉花干；内质汤色黄尚亮，香气尚浓、多会透露白兰花香（透底）或会透露茶香，欠持久；滋味浓带涩；叶底尚匀、嫩度较差。

茉莉炒青外形条索紧结、重实，有锋苗；内质汤色黄较明亮，香气浓郁、尚鲜灵、持久（要求茉莉花香盖过茶香，不能闻出茶香）；滋味浓厚爽口；叶底嫩尚匀、黄绿明亮。

（2）桂花茶：根据所采用的茶坯不同可分为桂花烘青、桂花乌龙、桂花龙井、桂花红碎茶。桂花香味浓厚而高雅、持久，无论窨制绿茶、红茶、乌龙茶均能取得较好的窨花效果，是一种多适性茶用香花。

桂花茶主要有：桂花烘青、桂花龙井、桂花乌龙。

桂花烘青是桂花中的大宗品种，以广西桂林、湖北咸宁产量最大，并有部分外销日本、东南亚。主要品质特点是：外形条索紧细匀整，色泽墨绿油润，花如叶里藏金；色泽金黄，香气浓郁持久；汤色绿黄明亮；滋味醇香适口；叶底嫩黄明亮。

桂花龙井产于浙江省杭州市西湖区和滨江区，是浙江的特色茶类，其品质特征：外形扁平光滑挺直，绿色的干茶中可见少量金黄色桂花花干隐藏其中；内质汤色杏黄明亮，桂花花香明显，且具馥郁的龙井茶香（香气中既有桂花花香，也有茶香，且两者完美结合）；滋味醇厚甘爽；叶底嫩匀，黄绿明亮。

桂花乌龙是铁观音故乡福建安溪茶厂的传统产品，主销港澳地区，并外销东南亚和西欧。主要以当年或隔年夏、秋茶为原料。品质特点为：条索粗壮重实，色泽褐润，香气高雅隽永；滋味醇厚回甘；汤色橙黄明亮；叶底深褐柔软。

【任务实施】

1．任务描述

能辨别中国六大茶类的代表性名茶。

2．操作条件

（1）准备工作：样茶盘、评茶杯碗、叶底盘、茶匙、天平、定时钟、烧水壶等。

（2）茶样：具有代表性的六大类茶样各 2 款，茶样共 12 个。

3．职业规范及注意事项

（1）茶类品质特征描述规范；

（2）审评操作过程规范。

4．任务操作过程

（1）为了完成以下任务，正确回答以下问题。

①名优茶是适时选择______、______、______的茶叶原料来匠心加工的茶叶，常伴着______和______。

②名优茶品质优异、风格独特，在茶叶色泽、汤色、香气、滋味等方面俱佳。需满足______、______、______、______条件。

（2）六大茶类里具有代表性的名优茶有哪些，每类茶列举3款，完成以下表格，见表4-3-1。

表4-3-1　代表性名优茶

茶类	代表性名优茶
绿茶	
黄茶	
黑茶	
白茶	
青茶	
红茶	

（3）根据名优茶外观识别技巧，辨别出样茶盘的12款茶，写出茶名，见表4-3-2。

表4-3-2　辨别茶样

茶类	茶名	对/错
绿茶		
黄茶		
黑茶		
白茶		
青茶		
红茶		

（4）任务分组

准备红茶、绿茶、白茶三类茶样共12款茶，每组成员4～6人，分成4组，每组完成12款茶的识别，观察样茶盘里茶的外形特征，并运用审评基础知识开汤审评内质并记录茶的品质特征，见表4-3-3。

任务步骤：

第一步，实训开始。

第二步，备具：样茶盘、评茶杯碗、叶底盘、茶匙、天平、定时钟、烧水壶等。

第三步，备样：不同茶类的样品 12 种，每次审评 6 个样。

第四步，把盘评外形，计分。

第五步，扦样。

第六步，开汤评内质汤色、香气、滋味、叶底，并计分。

第七步，评价。

第八步，收样、收具。

第九步，实训结束。

表 4-3-3　茶叶质量感官审评记录表

茶品名：　　　　　　　　　记录者编号　　　　　　　年　　月　　日

		外形				内质			
		形状	色泽	整碎	净度	香气	汤色	滋味	叶底
A	评语								
	评分								
B	评语								
	评分								
C	评语								
	评分								
D	评语								
	评分								

【评价反馈】

（1）成果展示。每个小组选择代表展示学习成果，由其他同学提出改进建议。

（2）针对每组同学的学习成果，完成以下评价表，见表 4-3-4。

表 4-3-4　评价表

序号	评价内容	评价标准	个人自评	教师点评	评价结果
1	定义	能说出名优茶、大宗茶的定义	优□良□差□	优□良□差□	优□良□差□
2	特点	能说出名优茶的特点 能说出大宗茶的特点 能说出名优茶需满足的条件	优□良□差□	优□良□差□	优□良□差□

续表

序号	评价内容	评价标准	个人自评	教师点评	评价结果
3	代表性名茶	能说出中国十大名茶 能辨别六大茶类的代表性名茶 能正确进行审评实操 能掌握六大茶类代表性名茶的品质特征	优□良□ 差□	优□良□ 差□	优□良□ 差□

【理论测验】

1. 一款茶叶要成为“名优茶”，需满足哪些条件?
2. 中国十大名茶有哪些?
3. 综合评价本次项目茶叶的品质特征。

【拓展训练】

中国是茶的故乡。中华民族是发现、栽培茶树，加工、利用茶叶最早的国家。悠久的产茶历史，辽阔的茶区，优越的自然条件，精湛的采制技术，形成了源远流长、琳琅满目、千姿百态的中国名茶。当我们面对一款不熟悉的名优茶时，如何进行分辨呢?

解决途径：可以试图从茶叶的外形特征去分辨，包括色泽、香气、条索，也可以通过开汤审评的方式评茶叶的内质，更科学客观地分辨出茶叶。

【拓展知识】

龙井茶的传说　大红袍茶名的由来　铁观音的传说

白毫银针的传说　君山银针的传说

项目五

茶叶的选购与辨别

思维导图

项目五　茶叶的选购与辨别

- 任务一　根据鉴茶四要素选购茶叶
- 任务二　识别新茶与陈茶；鉴别春茶、夏茶与秋茶

学习目标

知识目标： 根据鉴茶四要素选购茶叶；识别新茶与陈茶；鉴别春茶、夏茶与秋茶。

技能目标： 能根据鉴茶四要素选购茶叶；能够识别新茶与陈茶；能够鉴别春茶、夏茶与秋茶；能根据四季特点推荐合适的茶品。

素养目标： 培养学习能力、辨别能力、表达能力。

任务一　根据鉴茶四要素选购茶叶

基本知识

一、鉴茶四要素

茶叶的辨别

中国的茶叶按发酵程度由浅至深分为绿茶、黄茶、白茶、青茶、黑茶和红茶六大类。每一类茶叶都有各自的品质特征。绿茶清幽雅致，黄茶典雅高贵，白茶清透碧绿，青茶香郁味醇，黑茶浓郁古香，红茶甜润优雅。

1．色泽

茶叶色泽的品鉴包括干看茶叶外形、湿看茶汤和叶底色泽。茶叶的色泽有些是鲜叶中固有的，有些是在加工工艺中转化而来的。从辨别茶叶色泽可以了解茶叶品质的好坏和制法的精粗。

看茶叶外表色泽。茶叶鲜叶中内含物质经制茶过程转化形成各种有色物质，并由于这些有色物质的含量和比例不同，使茶叶呈现出各种色泽，有的乌黑，有的翠绿，有的红褐，有的黄绿。

各类茶叶均有其一定的色泽要求，如红茶以乌黑油润为好，黑褐、红褐次之，棕红最次；绿茶以翠绿、深绿色为好，绿中带黄或黄绿不匀者较次，枯黄花杂者差；青茶则以青绿光润有宝光色较好，黄绿不匀者次；黑毛茶以油黑色为好，黄绿色或铁板色为差。

看茶汤色泽。茶叶中的有色物质主要有叶绿素、叶黄素、胡萝卜素、花青素以及茶多酚的氧化物等，其中可溶于水的物质形成了茶汤或嫩绿、或橙黄、或红艳、或棕褐的不同色泽，其中的变化丰富而微妙。

茶汤的色泽以鲜、清、明、净为上品。凡茶汤色泽浊暗者，则为品质差之茶叶。以绿茶为例，汤色以碧绿为最佳，次为深绿、浅绿，黄绿最差。汤色清亮，说明无沉淀、无悬浮物，汤色明亮，即茶汤有光泽。碧绿汤色大多是既清透又明亮；深绿汤色清透较多，明亮较少；浅绿汤色大多是清透而不明亮；黄绿汤色则大多无清透、无明亮。

名茶的茶汤色泽各不相同，如庐山云雾茶、黄山毛峰、都匀毛尖等，汤色皆浅绿清透；龙井和玉露茶的汤色碧绿明亮；君山银针的汤色杏黄明净；铁观音茶的汤色金黄明亮；武夷岩茶的汤色橙黄；祁门红茶、正山小种的汤色红亮；云南滇红的汤色红浓鲜明；白牡丹（白条）的汤色浅杏明亮，醇和清甜；上等普洱茶的汤色褐紫红而醇厚；花茶的汤色浅橙黄而明亮等。

看叶底色泽。冲泡过的茶叶称为叶底，叶底色泽与汤色关系较大。叶底色泽鲜亮，汤色清澈；色泽枯暗，汤色浑浊。绿茶叶底色度一般以嫩绿最好，次为淡黄绿色，深绿、青绿较差（说明茶叶炒制不好，或鲜叶粗老）。

图 5-1-1　绿茶软嫩的叶底

另外评叶底老嫩时，还可用手指轻压叶底。一般以柔软无弹性的叶底表示细嫩，硬而有弹性的表示粗老。以绿茶来讲，叶底以幼嫩多芽、叶肉厚软匀整、色泽明亮的为好，而叶质硬薄、色泽灰暗、带红梗红叶的为差。

2. 香气

茶叶的香气取决于其中所含有的各种香气化合物。目前在茶叶中已鉴定出 500 多种挥发性香气化合物，这些不同香气化合物的不同比例和组合构成了各种茶叶的特殊香味。

常见的茶叶香型有：白毫显露散发的毫香，柔软嫩叶发出的嫩香，似鲜花香气的花香，似水果香气的果香，清新淡雅的清香，甘美的甜香，似焦糖香的火香，陈化产生的陈香，松柏或枫球熏烟带来的松烟香，茯砖特有的菌花香。

一般来说，绿茶的香气为清香、嫩香、毫香、花香等，以清香为主；红茶的香气为甜香、果香、花香等，以甜香为主；青茶的香气为花香、果香、清香、火香等，以花香为主；黑茶的香气为陈香、松烟香、菌花香等，以纯正为基本要求；黄茶的香气为毫香、清香、果香等；白茶的香气为毫香、清香、甜香等。

图 5-1-2　滋味醇厚的藏茶

3. 滋味

茶汤滋味是人们的味觉器官对茶叶中可溶性

物质的一种综合反映。不同的茶有不同的滋味风格，一般以醇和醇厚等为佳，若喝完后能让口腔留有充足、持久的香味，喉头有甘润的感觉，则为好茶。茶汤苦涩味重、有杂味或火味重者，则非佳品（表 5-1-1）。

表 5-1-1　不同茶叶滋味风格列表

类型	特点	代表茶叶	类型	特点	代表茶叶
清鲜型	清香味鲜且爽口	碧螺春	鲜浓型	味鲜而浓	黄山毛峰
鲜醇型	味鲜而醇	太平猴魁	鲜淡型	味鲜甜舒服，较淡	君山银针
浓烈型	味浓而不苦、不涩	婺绿	浓强型	味浓厚，有紧口感	红碎茶
浓厚（爽）型	较强的刺激性和收敛性，回味甘爽	滇红、武夷岩茶	浓醇型	醇而甘爽，有一定的刺激性和收敛性	毛尖、毛峰、部分乌龙茶
甜醇型	鲜甜厚之感	安化松针	醇爽型	浓淡适中，不苦涩	蒙顶黄芽
醇厚型	味尚浓，带刺激性	庐山云雾	醇和型	味欠浓鲜，有厚感	六堡茶
平和型	清淡正常，有甜感	低档绿茶	陈醇型	陈味带甜	普洱茶

4．外形

茶的外形即茶叶的形状，主要由茶树品种、采摘嫩度、加工工艺等决定。干茶外形应整齐匀净，无梗、片及其他夹杂物，色泽油润、鲜活，有光泽。

“茶有千万状。”不同种类的茶叶分很多形状，或似花，或似茅，或似碗钉，或似针，或似珠，或似眉，或似片，或似螺，或似砖，或似饼。千姿百态、丰富多彩的茶叶形状，构成了一个形态美的大千世界（表 5-1-2）。

表 5-1-2　不同种类茶叶的形状列表

类型	代表茶叶	类型	代表茶叶
花朵形茶 芽叶相连似花朵。如浙江江山绿牡丹条直似花瓣，形态自然，白毫显露，色泽翠绿诱人	江山绿牡丹	条形茶 条索细紧挺直，以紧细、圆直、匀齐、重实为好。如古丈毛尖、凌云白毫、石门银峰，白毫显露，熠熠生辉	凌云白毫
针形茶 两端略尖呈针状。有些肥壮重实如钢针，如白毫银针、君山银针、南京雨花等；有些则苗条秀挺如松针，如安化松针等	南京雨花	扁形茶 以西湖龙井最具代表性，形似碗钉，扁平光滑、尖削挺秀，若玉兰花瓣一般水灵，似翡翠玉片一样光辉，给人以质朴、端庄的美感	西湖龙井

续表

类型	代表茶叶	类型	代表茶叶
螺形茶 茶条卷曲如螺，茶上多毫，给人以轻快、柔美之感。以碧螺春为代表	洞庭碧螺春	珠形茶 以珠茶为代表，滚圆细紧重实，状似珍珠，给人以浑圆、壮实的美感	平水珠茶
眉形茶 条索弯曲，形状似眉。如珍眉，就是因外形条索纤细如仕女秀眉而得名	珍眉	片形茶 外形松散、平直， 叶片一片一片的。如六安瓜片，叶缘略向叶背翻卷，状似瓜子	六安瓜片
方形茶 以茯砖和康砖等砖茶为代表，线条笔直，明快大方，给人以平稳的美感	茯砖茶	尖形茶 如太平猴魁，两叶抱芽，自然伸长，两端略尖，魁伟匀整，挺直有锋，给人以英武壮美之感	太平猴魁
饼形茶 外形圆整，洒面均匀显毫，色泽黑褐油润，散发出特殊的陈香味，给人以敦厚、淳朴之美感	普洱茶饼	碗形茶 以沱茶为代表，从面上看，状似圆面包；从底看，似厚碗，中间下凹，外观显毫，颇具特色	下关沱茶

二、不同茶类的选购方法

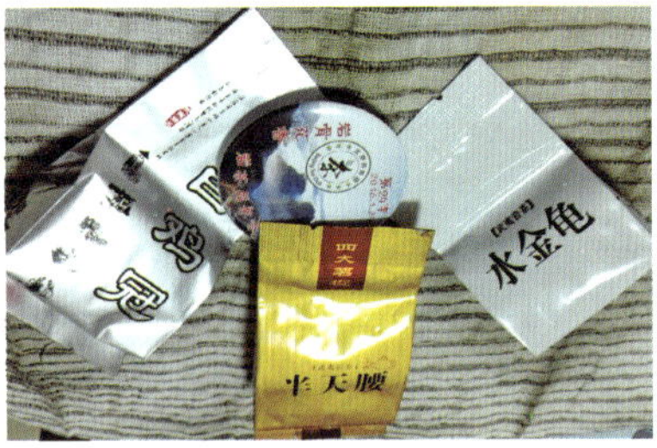

图 5-1-3　单泡包装茶样

茶叶的品质是保证茶道完美的先决条件，因此茶叶的选购至关重要。除了一些基本的鉴别标准，不同茶类在制造工艺和品质特征上各有特色，选购时的评判标准也有差异（表 5-1-3）。

表 5-1-3　不同茶类的选购方法

绿茶类选购方法	外形	以茶叶大小、粗细均匀，原料细嫩，条索紧结，白毫显露的新茶为佳
	色泽	优质绿茶的干茶色泽翠绿、油润，汤色碧绿明澄。但有些高档细嫩茶叶茶毫多，茶汤会有“毫浑”，是正常现象
	香气	绿茶以清香、嫩栗香为佳，有些特殊品种还会显现出花香
	茶味	汤味以鲜爽、鲜纯回甘为上，如入口略涩而后回甘生津者，亦是上品
红茶类选购方法	外形	优质的小叶种红茶条索细紧，大叶种红茶肥壮紧实
	色泽	好的红茶干茶色泽乌黑油润，汤色红亮，碗壁与茶汤接触处有一圈金黄的金圈
	香气	香气应甜香浓郁，若伴有酸馊气或陈味，则说明保管不当，已变质
	茶味	汤味以甜醇鲜爽为上，用来制作调饮茶的红碎茶，应以“浓、强、鲜”为宜
青茶（乌龙茶）类选购方法	外形	条索状的以条索紧结为上，颗粒状的以卷曲重实的为佳
	色泽	优质青茶一般干茶色泽油润，汤色橙黄或金黄清澈，发酵程度低的优质青茶色泽偏向于绿茶，有些发酵较重的色泽偏向于红茶
	香气	青茶以花果香为佳，如有烟味、油臭味等异味的不宜选购
	茶味	汤味醇厚回甘，饮后齿颊留香为上
黑茶类选购方法	外形	优质的黑茶紧压茶表面完整、纹理清晰、棱角分明，从侧边看上去没有裂缝；散茶条索匀整，有一定的含梗量
	色泽	好的黑茶干茶乌褐油润；黑茶有“越陈越香”的特点，新黑茶汤色橙黄明亮、陈茶汤色红亮色泽如琥珀，汤色不浑浊为上，汤色像酱油一样的不宜选购
	香气	好的黑茶陈香内敛，有烂、馊、酸、焦和其他异杂味者为次品
	茶味	汤味醇厚回甘为佳，喝起来喉咙干燥、咽喉不适为差
黄茶类选购方法	外形	黄芽茶以外形挺直匀实，茸毛显露为上品；黄大茶以梗壮叶肥为佳
	色泽	优质黄茶的干茶和茶汤色泽黄亮，如果干茶枯灰黄绿，茶汤黄褐浑浊，则为次品
	香气	黄芽茶以毫香、清香优雅者为好，如香气低浊则不佳；黄大茶有锅巴香
	茶味	好的黄芽茶汤味纯鲜回甘，黄大茶滋味醇和
白茶类选购方法	外形	以毫多而肥壮、叶张肥嫩者为佳；毫芽瘦小、稀少，叶张老嫩不匀的不宜选购
	色泽	优质白茶干茶毫色银白有光泽，叶面灰绿；茶汤黄白明亮
	香气	以毫香浓显、清鲜纯正的为上品
	茶味	汤味以鲜爽、醇和、清甜为好；喝起来粗涩、淡薄的为差
花茶类选购方法	外形	好的窨花茶外形匀整，不掺杂碎茶；若是花草茶，以花朵及果实颗粒饱满，不含杂质，没有虫洞者为佳
	色泽	依茶坯判断，如以烘青绿茶为茶坯的茉莉花茶，以干茶油润、汤色黄绿明亮者为佳。若是花草茶，干茶保持原有色泽、汤色嫩黄明亮者质优
	香气	好的花茶香气鲜灵持久，没有异味，如有硫黄的刺鼻味则不宜选购
	茶味	好的花茶汤味醇甘，有淡淡的花香久久萦绕在口齿间

【任务实施】

1．任务描述

（1）运用鉴茶四要素从茶样中分辨出六大茶类。

（2）每类茶准备 4 个茶样，运用鉴茶四要素，分辨茶样品级。

2．操作条件

工具：茶样盘 6 个，记录本，笔。

实物：准备茶样 24 个，红、绿、乌龙、黄、白、黑茶各 4 个品级。

3．职业规范及注意事项

（1）练习茶叶品质鉴定规范操作；

（2）练习茶叶品质鉴定登记规范。

4．项目操作过程

（1）视频导入，组织学生观看茶叶的辨别微课视频，引出鉴茶四要素的内容。

（2）根据以下操作步骤，完成鉴定要素分辨表及茶叶质量感官审评记录表，见表 5-1-4、表 5-1-5。

表 5-1-4　茶叶品质鉴定操作

序号	步骤	操作方法及说明	对应鉴茶要素
1	评干茶	取 200g 茶样，置于茶样盘，以平面运动与上下运动摇动茶样盘，审评茶样干茶外形及色泽。“干看外形”：从茶叶的嫩度、形状、色泽、整碎、净度等方面辨别六大茶类。 看色泽： 红茶乌黑油润，绿茶翠绿、深绿色，乌龙茶青绿光润有宝光色，黑毛茶以油黑色为好	色泽（干茶）
2	闻香气	闻香气： 将茶样盘移至鼻端，吸气闻香，转头呼气，避免呼出的气息喷到茶样	香气（干茶）
3	冲泡法	称取 3g 茶叶放入审茶杯，冲入沸腾的开水约 150cc（茶叶用量为水量的 2%），加盖静置 5～6 分钟后，将茶汤倒入审茶碗，进行茶汤审评 评茶方法： 茶叶开汤前先审查其外观，至开汤后先闻杯中茶渣之香气，以鼻吸三口气，评鉴香气之浓、淡、纯、浊以及有无菁味、烟味、焦味、油臭味、闷味等其他异臭。再看茶汤水色，比较其浓淡、清浊及明亮度，等茶汤温度降至 40～45℃时，取茶汤 5～10cc，含入口中，以舌尖不断振动汤液，使茶汤连续与口腔各味觉细胞及黏膜不断接触而分辨汤质的甘醇、苦涩、浓稠、淡薄及其活性、刺激性	色泽、滋味、香气
4	做记录	在茶叶感官审评记录表上进行规范记录	

表 5-1-5　六大茶类根据鉴茶四要素对比分辨表

茶类	外形（干茶）	色泽（干茶）	香气	滋味
红茶				
绿茶				
乌龙茶				
黄茶				
白茶				
黑茶				

【评价反馈】

（1）成果展示。每个小组选择代表展示学习成果，由其他同学提出改进建议。

（2）针对每位同学的学习成果，完成以下评价表，见表 5-1-6。

表 5-1-6　评价表

序号	评价内容	评价标准	小组互评	教师点评	评价结果
1	绿茶茶样中评出各个品级	能够按照 GB/T 23776—2018《茶叶感官审评方法》说出 4 个茶样的对比分级	优 □ 良 □ 差□	优 □ 良 □ 差□	优 □ 良 □ 差□
2	红茶茶样中评出各个品级	能够按照 GB/T 23776—2018《茶叶感官审评方法》说出 4 个茶样的对比分级	优 □ 良 □ 差□	优 □ 良 □ 差□	优 □ 良 □ 差□
3	乌龙茶茶样中评出各个品级	能够按照 GB/T 23776—2018《茶叶感官审评方法》说出 4 个茶样的对比分级	优 □ 良 □ 差□	优 □ 良 □ 差□	优 □ 良 □ 差□
4	白茶茶样中评出各个品级	能够按照 GB/T 23776—2018《茶叶感官审评方法》说出 4 个茶样的对比分级	优 □ 良 □ 差□	优 □ 良 □ 差□	优 □ 良 □ 差□
5	黄茶茶样中评出各个品级	能够按照 GB/T 23776—2018《茶叶感官审评方法》说出 4 个茶样的对比分级	优 □ 良 □ 差□	优 □ 良 □ 差□	优 □ 良 □ 差□
6	黑茶茶样中评出各个品级	能够按照 GB/T 23776—2018《茶叶感官审评方法》说出 4 个茶样的对比分级	优 □ 良 □ 差□	优 □ 良 □ 差□	优 □ 良 □ 差□

【拓展训练】

中国茶叶采摘、加工与饮用的历史十分悠久，茶农们在实际加工过程中逐渐创造发展出丰富多彩的茶叶品种，每款茶都具有独特性，当我们面对客户时，如何介绍才能使得客户更加清楚茶叶的品质呢？

解决途径：从茶叶的外在特征去分析介绍，包括色泽、香气、条索，也可以通过开汤审评的方式评茶叶的内质，更科学客观地分辨出茶叶，增加客户对不同茶品的认知。

任务二　识别新茶与陈茶；鉴别春茶、夏茶与秋茶

基本知识

一、识别新茶与陈茶

新陈茶与春夏秋茶的鉴别

当年采摘的新叶加工而成的茶叶称为新茶，非当年采制的茶叶为陈茶。一般我们可以从茶叶的色泽、干湿、香气、滋味来识别是新茶还是陈茶。

1．看色泽

茶叶在储藏过程中，构成色泽的物质会在光、气、热作用下发生分解或氧化，失去原有色泽。如新绿茶色泽青翠碧绿，汤色黄绿明亮；陈茶则色泽变得枯灰，汤色黄褐不清。

2．捏干湿

新茶含水量一般较低，手感干燥，用大拇指和食指轻轻一捏就会变成粉末，茶梗也容易断。陈茶由于存放时间长，含水量较高，手感松软、潮湿，一般不易捏破、捻碎。

3．闻香气

新茶的香气浓郁、芳香，而陈茶由于构成香气的醇类、醛类、脂类物质不断挥发和缓慢氧化，使茶叶的香气由清香变得低浊，若保存不当还会带有霉味或其他气味。

4. 品滋味

茶叶中的酚类化合物、氨基酸、维生素等构成滋味的物质会逐步分解、挥发，从而使可溶于茶汤中的有效滋味物质减少，因此，大凡新茶的滋味都醇厚鲜爽，而陈茶却显得淡而不爽。

二、鉴别春茶、夏茶与秋茶

茶树是一种常绿木本植物，一年之中可多次发芽、多次采摘。通常按季节分可分春茶、夏茶、秋茶。

在四季分明的茶区，由于气候因素的变化对茶树生长及代谢的影响，即使是同为当年采制的新茶，其品质也是很不一样的。

春茶：历代文献都有“春茶为贵”的说法，春茶芽叶硕壮饱满、身骨重实，凡绿茶色泽绿润、条索紧实，红茶色泽乌润、茶叶肥壮重实多毫，此为春茶的品质特征。所泡的茶浓醇爽口、香气高长、叶质柔软、无杂质。

夏茶：夏茶的茶汤滋味没有春茶鲜爽，香气不如春茶浓烈，反而增加了带苦涩味的花青素、咖啡碱、茶多酚的含量。从外观上看，夏茶叶肉薄且多紫芽，还夹杂着少许青绿色的叶子。凡绿茶色泽灰暗，红茶叶轻松宽，香气稍带粗老，是夏茶的品质特征。

秋茶：从外观上看，秋茶多丝筋，身骨轻飘。所泡成的茶汤淡，味平和、微甜，叶质柔软。单片较多，叶张大小不一，茎嫩，含有少许铜色叶片，但乌龙秋茶，如加工得当，香气亦能有突出表现。凡绿茶色泽黄绿，红茶色泽暗红，茶叶大小不一、叶轻瘦小，乃秋茶的品质特征。

三、依据四季特点选购茶品

饮茶还应四季有别，春饮花茶、夏饮绿茶、秋饮乌龙茶、冬饮红茶较为适宜。春饮花茶能助人散发冬季久积体内的寒气；夏喝绿茶最能祛火、消食化痰，还能消炎杀菌；冬饮红茶可生热暖腹，增强人体抗寒能力，有利养生。秋饮乌龙茶最相宜。秋天空气干爽，令人口干舌燥、嘴唇干裂，此时应改饮乌龙茶，它不寒不热，温热适中，有润喉生津、润肤生肌、清除体内积热的功效。此外，乌龙茶有突出的抗疲劳功效，出现“秋乏”正适合饮乌龙茶。

图 5-2-1　性质温和的岩茶

【任务实施】

1. 任务描述

运用鉴茶四要素从下列茶样中分辨出新茶、陈茶，并进行春茶、夏茶、秋茶的品质特征对比，完成表 5-2-1、表 5-2-2。

表 5-2-1 新茶、陈茶的对比

茶样	色泽	干湿	香气	滋味
新茶				
陈茶				

表 5-2-2 春茶、夏茶、秋茶品质特征对比

茶样	品质特征
春茶	
夏茶	
秋茶	

2. 操作条件

工具：茶样盘 7 个，记录本，笔。

实物：准备新、陈红茶和绿茶各一款，春、夏、秋茶各一款。

3. 职业规范及注意事项

（1）练习茶叶品质鉴定规范操作；

（2）练习茶叶品质鉴定登记规范。

4. 项目操作过程

（1）视频导入，组织学生观看新、陈茶与春、夏、秋茶的鉴别微课视频，引出识别新茶与陈茶，鉴别春茶、夏茶与秋茶的内容。

（2）根据以下操作步骤（表 5-2-3），完成茶叶质量感官审评记录表，见表 5-2-4。

表 5-2-3 新茶、陈茶及春茶、夏茶、秋茶品质鉴定操作

序号	步骤	操作方法及说明	对应鉴茶要素
1	评干茶	取 200g 茶样，置于茶样盘，以平面运动与上下运动摇动茶样盘，审评茶样干茶外形及色泽。“干看外形”：从茶叶的嫩度、形状、色泽、整碎、净度等方面辨别茶叶的新、陈及春、夏、秋茶。 新、陈茶干茶对比：	色泽（干茶）、干湿度

续表

序号	步骤	操作方法及说明	对应鉴茶要素
1	评干茶	一看色泽 茶叶在储藏过程中，构成色泽的物质会在光、气、热作用下发生分解或氧化，失去原有色泽。如新绿茶色泽青翠碧绿；陈茶则色泽变得枯灰 二捏干湿 新茶含水量一般较低，手感干燥，用大拇指和食指轻轻一捏就会变成粉末，茶梗也容易断。陈茶由于存放时间长，含水量较高，手感松软、潮湿，一般不易捏破、捻碎。 春、夏、秋茶干茶对比： 春茶：芽叶硕壮饱满、身骨重实，凡绿茶色泽绿润、条索紧实，红茶色泽乌润、茶叶肥壮重实多毫 夏茶：叶肉薄且多紫芽，还夹杂着少许青绿色的叶子。绿茶色泽灰暗，红茶叶轻松宽 秋茶：多丝筋，身骨轻飘，绿茶色泽黄绿，红茶色泽暗红，茶叶大小不一、叶轻瘦小	色泽（干茶）、干湿度
2	闻香气	将茶样盘移至鼻端，吸气闻香，转头呼气，避免呼出的气息喷到茶样。新茶的香气浓郁、芳香，而陈茶由于构成香气的醇类、醛类、脂类物质不断挥发和缓慢氧化，使茶叶的香气由清香变得低浊，若保存不当还会带有霉味或其他气味 春、夏、秋茶干茶香对比：春茶香气高长；夏茶香气不如春茶浓烈，稍带粗老；秋茶香气较为平和	香气（干茶）
3	冲泡法	称取 2.83 ～ 3.00g 茶叶放入审茶杯，冲入沸腾的开水约 150cc（茶叶用量为水量的 2%），加盖静置 5 ～ 6 分钟后，将茶汤倒入审茶碗，进行审评 茶叶中的酚类化合物、氨基酸、维生素等构成滋味的物质会随着时间逐步分解、挥发，从而使可溶于茶汤中的有效滋味物质减少，因此，新绿茶的汤色黄绿明亮，滋味醇厚鲜爽，而陈茶却显得汤色黄褐不清，滋味淡而不爽。春茶所泡的茶汤浓醇爽口，夏茶的茶汤滋味增加了苦涩味，秋茶所泡成的茶汤淡，味平和、微甜 评茶方法： 茶叶开汤前先审查其外观，至开汤后先闻杯中茶渣之香气，以鼻吸三口气，评鉴香气之浓、淡、纯、浊以及有无青味、烟味、焦味、油臭味、闷味等其他异臭。再看茶汤水色，比较其浓淡、清浊及明亮度，等茶汤温度降至 40 ～ 45℃时，取茶汤 5 ～ 10cc，含入口中，以舌尖不断振动汤液，使茶汤连续与口腔各味觉细胞及黏膜不断接触而分辨汤质的甘醇、苦涩、浓稠、淡薄及其活性、刺激性	色泽、滋味、香气
4	做记录	在茶叶感官审评记录表上进行规范记录	

表 5-2-4 茶叶质量感官审评记录表

茶品名： 记录者编号 年 月 日

		外形				内质			
		形状	色泽	整碎	净度	香气	汤色	滋味	叶底
A	评语								
	评分								
B	评语								
	评分								
C	评语								
	评分								
D	评语								
	评分								

【评价反馈】

（1）成果展示。每个小组选择代表展示学习成果，由其他同学提出改进建议。

（2）针对每位同学的学习成果，完成以下评价表，见表 5-2-5。

表 5-2-5 评价表

序号	评价内容	评价标准	小组互评	教师点评	评价结果
1	分辨新老茶样	能够根据茶样的特点说出新老茶样	优□ 良□ 差□	优□ 良□ 差□	优□ 良□ 差□
2	分辨春茶、夏茶、秋茶茶样	能够根据茶样特点说出春茶、夏茶、秋茶茶样	优□ 良□ 差□	优□ 良□ 差□	优□ 良□ 差□
3	根据四季推介茶品	能够根据气候分析人体状态，推荐合适的茶品	优□ 良□ 差□	优□ 良□ 差□	优□ 良□ 差□

【理论测验】

利用手边的茶叶茶样，进行茶叶感官审评训练。巩固对红茶、绿茶的鉴别能力，拓展其他四类茶类的鉴别能力。

【拓展训练】

顾客走进一家专业茶叶商店时，茶叶古朴典雅的名称，绚丽多彩的包装，富有特色的口味，会令人眼花缭乱、目不暇接，我们如何根据顾客的需要或季节变换，给客人推荐适宜的茶品呢？

解决途径：1. 问客户购买茶叶用途；2. 看客户性别；3. 看客户体型肤色；4. 看客户衣着品位。

项目六

茶叶冲泡技术

思维导图

项目六　茶叶冲泡技术

- 任务一　了解茶叶冲泡方式的演变及典型的泡饮法
- 任务二　运用茶叶冲泡技巧泡出好的茶汤

学习目标

知识目标： 熟悉中国各个时期茶叶冲泡的方法、特点；了解烹煮法、煎茶法、点茶法、瀹饮法的定义。熟悉唐代和宋代冲泡方式的不同；了解几种典型的泡饮法。了解不同茶类的投茶量、水温、浸泡时间、冲泡次数的要求和标准。

技能目标： 能够运用泡茶三要素冲泡茶叶；能够根据不同茶叶选择合适的器皿进行冲泡；能够按照不同的比例确定不同茶叶的投茶量；能够准确判断适合冲泡茶叶的温度；能够运用泡茶三要素泡好各类茶。

素养目标： 培养学习能力、辨别能力、表达能力；培养遵纪守法、爱岗敬业、认真负责、勤奋努力、精益求精、团结合作的职业操守。

任务一　了解茶叶冲泡方式的演变及典型的泡饮法

基本知识

我国饮茶已有几千年的历史，甚至可以说饮茶伴随着中华文明的变迁与发展。在这漫长的时间里，饮茶的方式方法经历着许多的变化。饮茶方式始为烹煮，后到点茶、泡茶，发展至今，饮茶在我们的日常生活中随处可见，茶已成为国饮。了解茶叶品饮方式的演变，将有助于我们对中国茶文化形成与发展的认识，了解饮茶源流，不同时期饮茶的方法、特点，有助于我们了解茶叶生产水平与饮茶文化的关系。

一、茶叶冲泡方式的演变

1．烹煮法——汉魏六朝时期

茶叶烹煮方法是随着茶叶生产技术的改进和茶类的发展而不断变化的。秦汉时，煮饮法是主要的饮茶方式。最早人们发现野生茶树时，是采集鲜叶，在锅中烹煮成羹汤而食，用作药剂。这时候的烹饮方法和器皿很简单。鲜茶味道苦涩，与吃药相同。而到了魏晋南北朝时，茶开始在皇室贵族等上层社会流行，并成为文人雅士吟咏、赞颂和抒发情怀的对象。这一时期的饮茶方式依然是烹煮，但更讲究方法和技巧；饮茶的形态更多样化，并开始具有一定的礼仪、礼数和规矩。

2．煎茶法——唐朝

唐代以团饼为主，也有少量的粗茶和散茶。烹饮方式为煎茶。煎茶法兴盛于唐、宋，历时约500年，主要用饼茶，经炙烤、冷却后碾罗成末，初沸调盐，二沸投末，并加以环搅，三沸则止。

唐代陆羽所撰写的《茶经》是中国乃至世界现存最早、最完整、最全面介绍茶的第一部专著，被誉为茶叶百科全书，陆羽也被称为茶著之祖。陆羽将《茶经》分上、中、下三卷，共十个部分。其主要内容和结构有：一之源；二之具；三之造；四之器；五之煮；六之饮；七之事；八之出；九之略；十之图。

《茶经》中记载的"芘莉：一曰籯子，一曰蒡莨，以二小竹，长三尺，躯二尺五寸，柄五寸。以篾织方眼，如圃人土罗，阔二尺，以列茶也；贯：削竹为之，长二尺五寸。以贯茶，焙之；棚：一曰栈。以木构于焙上，编木两层，高一尺，以焙茶也"分别讲述了置茶、穿茶及焙茶的器具。"饮有粗茶、散茶、末茶、饼茶者，乃斫，乃熬，乃炀，乃舂。贮于瓶缶之中，以汤沃焉，谓之痷茶"记载了泡茶的流程。因此《茶经》首次对泡茶用具、程式有了明确的记述，首次明确地提出了以审美的态度来赏茶、艺茶、品茶；将茶事活动提升到了精神层面，极大地推动了饮茶之风。

陆羽在《茶经》中首次规范了煎茶的程序，包括炙茶、碾茶、罗茶、候汤、一沸加盐、二沸舀水、倒入茶粉、环击汤心、三沸点水、奉茶、分茶。

3．点茶法——宋朝

宋代时民间兴起"斗茶"风气，对茶的品质要求更为讲究，制茶技术更为精细、科学。点茶法逐渐取代煎茶法而成为时尚。

宋徽宗赵佶所著的《大观茶论》，对北宋时期蒸青团茶的产地、采制、烹试、品质、斗茶风尚等有着详细记述。其中"点茶"一篇，见解精辟，论述深刻。从一个侧面反映了北宋以来我国茶业的发达程度和制茶技术的发展状况，也为我们认识宋代茶文化留下了珍贵的文献资料。

宋代的点茶法是将茶粉放入茶盏中，用少量开水调匀后再冲点开水，然后用茶筅击拂使之产生泡沫。

点茶法的点茶技艺是：炙茶、碾茶、罗（筛）茶、候汤（烧水）、熁盏（烘茶盏）、调膏、注水、击拂、奉茶。斗茶主要是考验斗茶者点汤、击拂技艺的高低。茶斗，既为斗，就一定要决出胜负。决定胜负因素有二：一是汤色，二是汤花。

唐代煎茶与宋代点茶的区别见表6-1-1。

表6-1-1 唐代煎茶与宋代点茶的区别

唐代煎茶	宋代点茶
茶末直接放锅中煮	将茶末放入茶盏，注水击拂产生泡沫
锅中加入食盐	为了保持茶叶的真味不添加食盐

4. 瀹饮法——明清

到了明清时期，泡茶饮茶进入了成熟期。这一时期人们开始流行泡茶法，多用壶冲泡。茶馆兴盛，普洱茶盛行，深受宫廷和民间百姓喜爱，流传甚广。

明朝为茶文化的发展期，此阶段制茶工艺发展，炒青散茶因为具有香气高、滋味醇等特点逐渐传播开来，特别是朱元璋废除团饼贡茶之后，更是推动了散茶的流行。同时，由于散茶的普及，使得饮茶方式改变，瀹（yuè）饮法因其简便，易操作，受到广大民众的喜爱，遂成为主流饮用方式，并流传至今。瀹有浸、渍的意思。瀹饮法，即以沸水直接冲泡叶茶。

最早提倡饮茶方式从简，并且在实际操作上改革传统的茶具和茶艺的是明朝的宁王朱权。由朱权倡导的简约饮茶风气影响后人而形成了瀹饮法。瀹饮法逐渐取代了煎点法的主导地位，成为自明末清初至今中国人都在使用的饮茶方法。

5. 多种饮法——当代饮茶

随着沸水冲泡法主导地位的确立，清饮成为我国大部分人的主要饮茶方式，但调饮方式依然存在。除此之外，由于社会生活的发展以及科技的进步，再加上与世界其他国家的交流不断加深，当代的饮茶出现了一些新的内容和形式，如袋泡茶，罐装茶、冷饮等。

二、几种典型的泡饮法

1. 碗泡法

碗泡法对器具需求不高，主要靠的是一碗、一勺。大致泡法是先将适量的茶叶放入茶碗中，添汤、茶，再用茶勺分杯饮用。这种泡法看似简单，不过要泡好也并不容易，需要掌握的技巧很多，在于熟练掌握茶水比例、水温控制、时间控制、分茶速度、选对器形、冲泡次数、心静安稳等。

图 6-1-1　碗泡花草茶

2. 壶泡法

通常在家中泡茶用的较大的壶皆可，泡绿茶、红茶、乌龙茶皆可，特别是泡绿茶，壶大则茶叶有伸展空间，茶汤明亮清爽。壶泡法兼具碗泡、杯泡的优点，且壶内有过滤装置，可使茶渣不致流入杯中，茶汤明亮透底，色、香、味发挥得淋漓尽致，是家庭的必备器具。

图 6-1-2　壶泡绿茶

3．小壶泡法

小壶泡法是目前较流行的泡茶法，是最能表现茶香、韵味的方法，用小壶泡法泡赏好茶，能让口齿留香数小时之久。小茶壶泡法一般选用的是紫砂壶，紫砂壶保温性能好、透气度高，即使久放，茶水也不会产生腐败的馊味，用紫砂壶泡茶能充分显示茶叶的香气和滋味；常用来泡乌龙茶、普洱茶等。先以热水倒入茶壶中做热壶及清洁的动作，依品饮习惯或喜好投入适量的茶叶，一般约为茶壶内容量的五分之一最适宜，可依个人口味喜好自行调整。投入后，以热水冲洗茶叶，一般建议第一泡做冲洗茶叶的动作，冲入后快速倒出，通常第一泡茶的时间约是 50 秒到 1 分钟，最主要以水温、茶叶量来做调整，若是茶叶量多且水温高即需快冲快倒，若是水温不高或茶叶量不多，则需拉长时间浸泡，才能得到适宜的茶汤滋味，而一般而言一次的茶叶用量应至少可冲泡三次，甚至到五次，依茶叶量或前几次冲泡时间长短来作控制。

图 6-1-3　小壶泡乌龙茶

图 6-1-4　醒茶

4．袋茶的泡法

袋茶最适宜个人使用，一袋泡一杯，浸泡 1 分钟后把茶袋提出，置于其他杯子或盘中，可备二次冲泡，但要注意，袋茶不要泡太久，以避免茶汤浓度过高而苦涩。

图 6-1-5　浸润茶

5．常用泡茶技艺

（1）醒茶：所谓醒茶，就是使茶叶苏醒、焕发茶性，以便于冲泡饮用。各种茶的品质不同，醒茶的方法也不尽相同。比如，冲泡黑茶时，要将其放入冲泡器皿中，用 95 ～ 100℃的沸水来醒茶；冲泡嫩度较好的绿茶、白茶时，要将其放入高温烫过的冲泡器皿中，再用 80℃的开水醒茶。

（2）浸润茶：用杯泡茶时，应先在杯中加入少量热水，然后将茶叶投入其中浸润，等到芽叶舒展，片刻后再冲入热水至七分满。

（3）淋壶：选用紫砂壶、陶壶等泡茶时，淋壶是必不可少的环节。所谓淋壶，是指冲泡后，再于壶的外壁回旋淋浇，以提高壶的温度。

图 6-1-6　淋壶

（4）高冲水，低斟茶：高冲水是指将水壶提高，向盖碗或茶杯内冲水，要做到水流不间断、不外溢，使茶叶随水翻滚。低斟茶是指出汤、分茶时，茶壶、公道杯等宜低不宜高，略高过杯沿即可。

图 6-1-7　高冲水

图 6-1-8　低斟茶

【任务实施】

1．任务描述

能了解茶叶冲泡方式的演变及典型的泡饮法。

2．操作条件

准备工作：

（1）收集并整理《茶艺师》国家职业技能标准中有关茶叶冲泡方式的有关知识。

（2）准备好宋代点茶的相关器具，以便后面实操。

3．职业规范及注意事项

茶叶冲泡方式演变描述规范。

4. 任务操作过程

（1）视频导入，组织学生观看饮茶方式演变微课视频，引出茶叶冲泡方式的演变过程。

（2）组织学生讨论中国古代各个时期不同的泡茶方式，完成以下表格，见表 6-1-2。

表 6-1-2　中国古代各个时期泡茶方式

朝代	泡茶方式	特点
汉魏六朝		
唐朝		
宋朝		
明清		
当代		

（3）任务分组：

按照宋代点茶之法操作步骤进行演示，分成 4 组，每组成员 4～6 人，准备器具，选取代表依照步骤完成宋代点茶茶艺展示，并完成以下表格，见表 6-1-3。

任务步骤：炙茶→碾茶→罗茶→候汤→烘茶盏→调膏→注水→击拂→奉茶。

表 6-1-3　宋代点茶成果评比

评分项		小组 1	小组 2	小组 3	小组 4
汤色	□色纯白，表明茶质鲜嫩，制作精良 □色偏青，则表明蒸时火候不足 □色泛灰，则蒸时过了火候 □色泛黄，则茶叶采制不及时 □色泛红，则烘焙时火候太过				
汤花	□咬盏（紧咬盏沿，而且久聚不散） □云脚涣散（汤花散退较快） □水脚（汤花散退后，茶盏内沿与汤相接的地方就会露出水痕，宋人称之为水脚）				
口感	优□良□差□				

【评价反馈】

（1）成果展示。每个小组选择代表展示学习成果，由其他同学提出改进建议。

（2）针对每位同学的学习成果，完成以下评价表，见表 6-1-4。

表 6-1-4　评价表

评价内容	评价标准	小组互评	教师点评	评价结果
茶叶冲泡方式的演变及典型泡饮法	熟悉中国各个时期茶叶冲泡的方法、特点	优□良□差□	优□良□差□	优□良□差□
	了解烹煮法、煎茶法、点茶法、瀹饮法的定义	优□良□差□	优□良□差□	优□良□差□
	熟悉唐代和宋代冲泡方式的不同	优□良□差□	优□良□差□	优□良□差□
	熟悉宋代点茶法操作流程	优□良□差□	优□良□差□	优□良□差□
	能够演示宋代点茶并进行评析	优□良□差□	优□良□差□	优□良□差□
	了解几种典型的泡饮法	优□良□差□	优□良□差□	优□良□差□

【理论测验】

1. 中国泡茶方式经历了各个时期的演变，演变过程是怎样的？
2. 陆羽的《茶经》对当时的茶文化及饮茶方式演变的引导作用体现在哪里？
3. 唐代和宋代的泡茶方式有何不同？
4. 列举几种典型的泡饮法。

【拓展训练】

我国饮茶已有几千年的历史，可以说饮茶伴随着中华文明的变迁与发展。在这漫长的时间里，饮茶的方式方法经历着许多的变化。饮茶方式从开始的烹煮羹饮，到后来的煎茶、点茶、泡茶，再到如今，在我们的日常生活中，饮茶随处可见，因为茶已成为国饮。中国古代各个时期的冲泡方式各有不同，如何把握不同时期泡茶方式的要点呢？

解决途径：可以试图从不同时期的社会背景、国家政策及当时的社会环境进行考虑。

【拓展知识】

"茶"字的由来

任务二 运用茶叶冲泡技巧泡出好的茶汤

基本知识

泡茶要素包括：投茶量、水温、浸泡时间、冲泡次数。

泡茶三要素
——投茶量

一、投茶量

1．按比例投茶

使用不同形态功能的茶具冲泡不同种类的茶叶，其置茶量都有差异。一般而言，水多茶少，滋味淡薄；茶多水少，茶汤苦涩不爽。因此，细嫩的茶叶用量要多；较粗的茶叶，用量可少些，即所谓"细茶粗吃""精茶细吃"。根据茶叶的种类及习惯用的冲泡方法，大致可以将置茶量分为以下几种情况：

（1）绿茶类

绿茶的置茶量与水的比例往往是 1g 的绿茶冲 50 ～ 60mL 的开水。通常情况下，一只玻璃杯的水容量在 100 ～ 150mL，置茶量为 2 ～ 3g。

图 6-2-1 绿茶置茶

（2）白茶和黄茶类

白茶和黄茶的置茶量基本与绿茶相同，需要注意的是，如果用玻璃杯冲泡，要使投茶量恰到好处；否则，不利于茶的感官审评。

图 6-2-2　白茶置茶

（3）乌龙茶（青茶）类

乌龙茶是我国品种最多的一类茶，其干茶外形差异很大，凤凰单丛系列的乌龙、武夷岩茶、台湾包种等，茶叶呈粗壮的条索状，而铁观音形似碗钉，台湾冻顶乌龙呈紧结半球状，它们的投茶量都不同。冲泡乌龙茶适宜使用江苏宜兴产的紫砂壶，根据喝茶人的数量选用大小适宜的壶，置茶量根据不同的乌龙茶品种而定，一般而言，壶泡时茶叶和水的比例为 1 ∶ 18 ～ 1 ∶ 25；武夷岩茶茶水比为 1 ∶ 7 ～ 1 ∶ 22。

图 6-2-3　乌龙茶置茶

（4）红茶类

红茶的饮品主要分清饮和调饮两种。清饮的泡法是每克茶用 50 ～ 60mL 的水为宜，如果选用红碎茶，则每克需要 70 ～ 80mL 的用水量。调饮的泡法是在茶汤中加入糖、牛奶、柠檬、咖啡、蜂蜜等，制茶量可根据饮者口味而定。

图 6-2-4　红茶清饮

图 6-2-5　红茶调饮

（5）黑茶与普洱茶类

以普洱的散茶为例，一般选用盖碗冲泡，投茶量为 5 ～ 8g，原料较粗老的紧压茶，茶水比可用 1 ： 50。但对一些原料较细嫩的紧压茶，茶水比可用 1：80。品饮普洱茶，茶水比一般用 1 ： 30 ～ 1 ： 40，即 5 ～ 10g 茶叶冲入 150 ～ 200mL 沸水。

图 6-2-6　普洱紧压茶冲泡

（6）花茶类

花茶一般多用玻璃壶和盖碗冲泡，根据容器的大小而定。

图 6-2-7　花茶冲泡

2．按体积投茶

在没有电子秤的情况下，我们也可根据茶具大小、茶叶质地改变投茶方式，即按体积投茶。步骤：准备一个 120mL 左右的盖碗。针对不同的茶类，具体茶量如下：

白茶散茶普遍较蓬松，投茶量占盖碗容量的 1/2 ～ 3/4；白茶饼约占盖碗容量的 1/5。绿茶、黄茶投茶量刚好覆盖满盖碗底部。红茶投茶量与绿茶相似，也是将盖碗底部覆盖满，不过可以比绿茶稍微多一些。其中，大叶种红茶如滇红等，叶片较大，占的体积大，投茶量要比小叶种（如祁红等）更多一些，而红碎茶的浸出速度很快且并不太注重耐泡度，所以投茶量可减半。乌龙茶根据外形，大致可分为条形乌龙和球形乌龙。条形乌龙的投茶量差不多占到盖碗容量的 1/5 ～ 1/3，球形乌龙则覆盖底部就可以了。普洱茶、紧压茶投茶量差不多占盖碗容量的 1/5。紧压茶密度较大，可适当微调。

图 6-2-8　玻璃杯投茶

图 6-2-9　盖碗投茶

图 6-2-10　紫砂壶投茶

二、水温

1．历代饮茶择水说

饮茶择水是茶文化的一大特征。从晋代杜育的《荈赋》始，历经唐宋，直至明清，历代茶人的饮茶择水之说层出不穷，内容涉及各种类、各地域水源的选择比较，水温与茶的关系等。如唐代陆羽在《茶经》中所写的“三沸”：“如鱼目，微有声，为一沸；缘边如涌泉连珠，为二沸；腾波鼓浪，为三沸；已上，水老不可食也。”如宋代的蔡襄在《茶录》中说：“候汤最难，未熟则沫浮，过熟则茶沉，前世谓之蟹眼者，过熟汤也。沉瓶中煮之不可辩，故日候汤最难。”而到了现代，人们煮茶择水是根据茶的老嫩程度选择合适的水温，更加科学合理。

泡茶三要素——水温

2．不同水温冲泡茶叶的影响

茶的冲泡水温是指将水烧开后用于泡茶所需的温度，冲泡水温的高低是影响茶叶水溶性物质泡出比例和香气成分挥发的重要因素。一般来说，泡茶水温与茶叶中有效物质在水中的溶解度和溶解速率成正比，水温越高，溶解度和溶解速率越高；反之，水温越低，溶解度和溶解速率越低。这个因素影响了茶汤浓度的控制，在相同的冲泡时间内，等量的茶、水比例，水温越高，茶汤的滋味越浓，达到需浓度的时间也短；水温越低，则茶汤的滋味越淡，所需时间也长，“冷水泡茶慢慢浓”，说的就是这个意思。至于泡茶水温以多高为宜，则要根据茶的老嫩、松紧、大小等情况来确定。而到底选择何种泡茶水温，主要看泡饮什么茶。

3．不同茶类水温要求

具体说来，高级细嫩名茶，特别是高档的名绿茶，冲泡时水温为 80 ～ 85℃。只有这样泡出来的茶汤色清澈不浑，香气纯正而不钝，滋味鲜爽而不熟，叶底明亮而不暗，使人饮之可口，视之动情。如果高温冲泡，汤色就会变黄；茶芽因“泡熟”而不能直立，失去欣赏性；维生素遭到大量破坏，降低营养价值；咖啡碱、茶多酚很快浸出，又使茶汤产生苦涩味，这就是茶人常说的把茶“烫熟”了。反之，如果水温过低，则渗透性较低，往往使茶叶浮在表面，茶中的有效成分难以浸出，结果，茶味淡薄，同样会降低饮茶的功效。不同的温度适用于泡不同的茶，见表 6-2-1。

表 6-2-1　不同温度适用的茶叶

类别	温度	适用茶叶	参考茶种	适用壶具
高温	90℃以上	中发酵以上的茶	铁观音	紫砂
中温	80 ～ 90℃	轻发酵茶 有芽尖的茶 细碎茶 嫩芽叶且重发酵的茶 重萎凋轻发酵的茶	青茶 白毫乌龙 香片 高山乌龙 红茶 白茶	瓷壶 盖杯
低温	80℃及以下	绿茶类（不发酵茶）	碧螺春 龙井	盖杯 瓷壶

大宗绿茶、红茶和花茶，由于茶叶原料老嫩适中，故可用 90℃的开水冲泡。若天气寒冷时，茶具温度低，对泡茶用水的冷却作用明显，宜用沸水冲泡。

图 6-2-11 大宗绿茶冲泡

图 6-2-12 大宗红茶冲泡

冲泡乌龙茶、普洱茶和沱茶等，由于原料并不细嫩，加之用茶量较大，所以，须用刚沸腾的 100℃开水冲泡。特别是乌龙茶，为了保持和提高水温，要在冲泡前用滚开水烫热茶具；冲泡后用滚开水淋壶加温，目的是增加温度，使茶香充分发挥出来。

图 6-2-13 乌龙茶冲泡

三、浸泡时间

茶叶冲泡的时间与茶叶种类、泡茶水温、用茶数量和饮茶习惯等都有关系，不可一概而论。泡茶时间需适中，在茶水比和泡茶水温一定时，融入茶汤的滋味成分随泡茶时间的延长而增加，因泡茶时间与茶汤汤色和滋味浓淡、爽涩关系密切，若时间短了，茶汤淡而无味，香气不足；若时间长了，茶汤会太浓，茶色会过深，泡茶时间越长，茶中可溶于水的浸出物会不断增加。据测定，用沸水泡茶，首先浸出的是咖啡碱、维生素、氨基酸等，到 3 分钟时含量较高，这时饮茶汤有鲜爽醇和之感，但缺少饮茶者需要的刺激味；随时间的延续，茶多酚等浸出物含量增加，至 10 分钟时的味道浓涩。所以茶汤的滋味是随着泡茶时间的

泡茶三要素
——浸泡时间

延长而逐渐变浓的。

1．绿茶类

一般绿茶需用 80 ～ 90℃的水冲泡，如果是极其细嫩的珍贵绿茶，一般只能用 75 ～ 80℃的水冲泡。由于绿茶是不发酵茶，比较鲜嫩，宁可先低温，忌高水温。若水温过高，茶叶烫熟，不能直立，失去观赏性；营养成分易流失；咖啡碱、茶多酚快速浸出，使茶汤味道苦涩，失去原有香气。过高的水温，如 100℃，或过度的闷泡，都会破坏绿茶中的营养物质和活性物质，影响口感。红茶原料细嫩也不适宜过度闷泡。

图 6-2-14　白茶冲泡

2．白茶和黄茶类

白茶和黄茶多采用细嫩的鲜叶原料加工而成，所以冲泡温度也只能用 80 ～ 90℃的水冲泡，才不会把茶叶泡熟，使茶叶条条挺立，利于观赏。

3．红茶和花茶类

红茶和花茶类，由于原料比较适中，可用 90℃的水冲泡。红碎茶颗粒细小，内含成分容易浸出，以冲泡 3 ～ 4 分钟为好，温度为 100℃；如加乳或糖等调饮而作一次性冲泡时，可冲泡至 5 分钟。

图 6-2-15　花茶冲泡

图 6-2-16　红碎茶冲泡

4．乌龙茶、普洱茶类

乌龙茶、普洱茶的原料多选用成熟的芽叶；属于半发酵或全发酵的茶，投茶量一般也较大。冲泡温度一般用 90 ～ 100℃的水。水温高，茶香易发，茶汁浸出率高，茶味也浓，更能品饮出乌龙茶特有的韵味。如水温偏低，香气低，茶就会显得淡而无味。为避免温度降低，乌龙茶冲泡过程中会多一道淋壶的程序，目的是提高壶温，使茶汁充分浸出。

另外，冲泡时间还与茶叶老嫩和茶的形态有关。大体来说，茶叶原料越细嫩、松散、碎茶的茶叶茶汁浸出要快些，而茶叶的原料比较粗老、紧结、叶子较规整，茶汁浸出较慢，需要冲泡的水温比较高。

图 6-2-17 细嫩茶

图 6-2-18 紧结茶

四、冲泡次数

茶叶的耐泡程度除了与嫩度有关外，还与茶叶加工的方法有关。初制过程中把茶叶切碎，茶叶就容易冲泡出来。粗、老、完整的茶叶，茶叶冲泡出来的速度就慢。经测算，茶里面的有效成分最容易浸出的是氨基酸和维生素 C，其次是咖啡碱、茶多酚、可溶性糖等。

一般情况下，第一次冲泡，浸出的量占可溶物总量的 50% ～ 55%；第二次冲泡一般约占 30%；第三次为 10%；第四次只有 1% ～ 3% 了。茶的香气和滋味，一泡茶香气浓郁，滋味鲜爽；二泡茶虽浓郁，但味鲜爽不如前；三泡茶香气和滋味已淡乏，若再经冲泡则无滋味。茶叶的冲泡次数有限，经过多次冲泡，能使一些难溶的有害物质（如某些极微量的残留农药）逐渐浸出，对人体有害。

在饮红茶、绿茶和花茶时，冲泡以 3 次为宜。乌龙茶在冲泡时投叶量大，茶叶粗老，可以多冲泡几次。饮用颗粒细小、揉捻充分的红碎茶与绿碎茶时，由于茶里面的内含成分浸出较快，一般采用一次性泡法，用沸水冲泡 3 ～ 5 分钟后出汤。速溶茶也是采用一次冲泡法。

【任务实施】

1. 任务描述

能够运用茶叶冲泡技巧泡出好的茶汤。

2. 操作条件

准备工作：

（1）阅读工作任务书，掌握不同茶类投茶量、水温、浸泡时间、冲泡次数的要求。

（2）收集并整理《茶艺师》国家职业技能标准中有关泡茶要素的知识。

（3）准备好绿茶、红茶、白茶、黄茶、黑茶、乌龙茶六款散茶，盖碗，天平，定时钟，烧水壶，茶巾，茶匙，赏茶荷，水盂。

3．注意事项

（1）注意控制投茶量；

（2）注意控制冲泡水温；

（3）注意控制冲泡时间。

4．任务操作过程

（1）视频导入，组织学生观看泡茶三要素—投茶量、泡茶三要素—水温、泡茶三要素—冲泡时间微课视频，引出茶叶冲泡要素的重点。

（2）组织学生讨论六大茶类冲泡要素要求，完成以下表格，见表 6-2-2。

表 6-2-2　六大茶类冲泡要素要求

茶类	投茶量	水温	浸泡时间	冲泡次数
绿茶				
黄茶				
黑茶				
白茶				
乌龙茶（青茶）				
红茶				

（3）任务分组

小组 1 准备绿茶、红茶、白茶、黄茶、黑茶、乌龙茶六类散茶各 1 款，选择统一规格盖碗，选择恰当的水温，每款茶分别称取茶叶 3g、5g、7g 进行开汤评析，判断最适宜各款茶的合适投茶量。完成以下表格，见表 6-2-3。

小组 2 准备绿茶、红茶、白茶、黄茶、黑茶、乌龙茶六类散茶各 1 款，选择统一规格盖碗，每款茶选择适宜的投茶量，分别用 80℃、90℃、100℃的水温冲泡茶叶，判断最适宜各款茶的合适水温。完成以下表格，见表 6-2-4。

小组 3 准备绿茶、红茶、白茶、黄茶、黑茶、乌龙茶散茶六类茶各 1 款，选择统一规格盖碗，每款茶选择适宜的投茶量、水温，浸泡时间分别定为 10 秒、15 秒、25 秒冲泡茶叶，判断最适宜各款茶的合适时间。完成以下表格，见表 6-2-5。

表 6-2-3 不同克数茶叶审评表

投茶量	品质	绿茶 水温： 85℃ 茶水比： 1 ∶ 50	红茶 水温： 90℃ 茶水比： 1 ∶ 50	白茶 水温： 90℃ 茶水比： 1 ∶ 50	黄茶 水温： 90℃ 茶水比： 1 ∶ 50	黑茶 水温： 100℃ 茶水比： 1 ∶ 30	乌龙茶 水温： 100℃ 茶水比： 1 ∶ 30
3g	汤色						
	香气						
	滋味						
5g	汤色						
	香气						
	滋味						
7g	汤色						
	香气						
	滋味						
合适的投茶量							

表 6-2-4 不同温度茶叶审评表

水温	品质	绿茶 投茶量： 3g 茶水比： 1 ∶ 50	红茶 投茶量： 3g 茶水比： 1 ∶ 50	白茶 投茶量： 3g 茶水比： 1 ∶ 50	黄茶 投茶量： 3g 茶水比： 1 ∶ 50	黑茶 投茶量： 7g 茶水比： 1 ∶ 30	乌龙茶 投茶量： 7g 茶水比： 1 ∶ 30
80℃	汤色						
	香气						
	滋味						
90℃	汤色						
	香气						
	滋味						
100℃	汤色						
	香气						
	滋味						
合适的水温							

表 6-2-5　不同时间茶叶审评表

冲泡时间	品质	绿茶 投茶量: 3g 茶水比: 1 ∶ 50	红茶 投茶量: 3g 茶水比: 1 ∶ 50	白茶 投茶量: 3g 茶水比: 1 ∶ 50	黄茶 投茶量: 3g 茶水比: 1 ∶ 50	黑茶 投茶量: 7g 茶水比: 1 ∶ 30	乌龙茶 投茶量: 7g 茶水比: 1 ∶ 30
10 秒	汤色						
	香气						
	滋味						
15 秒	汤色						
	香气						
	滋味						
25 秒	汤色						
	香气						
	滋味						
合适的冲泡时间							

【评价反馈】

（1）成果展示。每个小组选择代表展示学习成果，由其他同学提出改进建议。

（2）针对每位同学的学习成果，完成以下评价表，见表 6-2-6。

表 6-2-6　评价表

评价内容	评价标准	小组互评	教师点评	评价结果
泡茶要素	了解不同茶类的投茶量、水温、浸泡时间、冲泡次数的要求和标准	优□良□差□	优□良□差□	优□良□差□
	能够根据不同茶叶选择合适的器皿进行冲泡	优□良□差□	优□良□差□	优□良□差□
	能够按照不同的比例确定不同茶叶的投茶量	优□良□差□	优□良□差□	优□良□差□
	能够准确判断适合冲泡茶叶的温度	优□良□差□	优□良□差□	优□良□差□
	能够准确判断适合冲泡茶叶的时间	优□良□差□	优□良□差□	优□良□差□
	能够运用泡茶三要素泡好各类茶	优□良□差□	优□良□差□	优□良□差□

【理论测验】

1. 在茶艺冲泡过程中，没有电子秤的情况下如何正确掌握投茶量?
2. 在茶艺冲泡过程中，如何准确地判断冲泡茶叶的水温?
3. 在茶艺冲泡过程中，冲泡时间不同会对茶汤品质造成怎样的影响?
4. 如何结合职业素养、岗位能力精准对接标准选择合适的泡茶要素科学泡茶?

【拓展训练】

在冲泡的过程中，影响茶汤的要素有很多，水质、器皿、茶叶、环境、冲泡手法等等，把握这些要素的关系是泡茶的基本技艺。想要泡好一杯茶汤，重点要掌握什么呢?

解决途径：可以试图从茶叶用量、泡茶水温、泡茶时间和冲泡次数来考虑，科学地冲泡出一杯好喝的茶汤。

项目七

茶叶的存储与保管

思维导图

项目七　茶叶的存储与保管

- 任务一　理解影响茶叶变质的内外因
- 任务二　按照贮藏茶叶的基本要求正确贮藏茶叶
- 任务三　掌握常用的实用茶叶贮藏法

学习目标

知识目标：能够说出影响茶叶变质的内部因素都有哪些；能够说出引起茶叶陈化劣变的外界环境因素都有哪些；能够说出贮藏茶叶的基本要求、对应原因及方法；能够说出常用的实用茶叶贮藏法。

技能目标：能够掌握影响茶叶变质的内部因素分别造成的变化；能够掌握外界环境因素对茶叶造成的具体影响。

素养目标：培养学习能力、辨别能力、表达能力。

任务一　理解影响茶叶变质的内外因

基本知识

茶叶虽为干燥食品，它的贮藏性能比鲜活商品好得多，但仍是一种易变性的食品，贮藏方法稍有不当，便会在短时间里风味尽失，甚至变性变味。所有的茶叶在贮存过程中都会逐渐失去新茶的鲜香而陈味逐渐显露。

茶叶在存放中陈化变质的原因很多，归纳起来，有内因、外因两个方面。内因是变化的根据，外因是变化的条件。

影响茶叶变质的因素

一、影响茶叶品质的内在因素

茶叶具有“后熟”的特点，即贮藏过程中茶叶中的许多化学成分发生氧化作用，导致茶叶陈化和劣变。影响茶叶品质的内在化学成分主要是叶绿素、茶多酚、维生素、胡萝卜素、氨基酸以及多种香气成分。

1．叶绿素的变化

叶绿素是形成绿茶色泽的重要成分。叶绿素在嫩芽叶中含量较高，主要由呈蓝绿色的叶绿素 a 和呈黄绿色的叶绿素 b 两大部分组成。在茶叶中这两者的比例和保留量决定了成品茶的色律。然而，叶绿素又是一种很不稳定的物质，在光和热的条件下（尤其是紫外线的照射下）易分解，失绿而变褐，形成脱镁叶绿素。一般情况下，脱镁叶绿素含量占 70% 时，茶叶色泽出现显著褐变。

2．茶多酚的氧化和聚变

茶多酚与茶叶滋味、汤色的关系最为密切，它的含量决定着茶汤的滋味浓度。

茶多酚本身无色，但在红茶加工过程中被氧化、聚合形成茶黄素与茶红素，进而成为褐色素（高聚合物），使红茶汤色加深变暗。在绿茶中，茶多酚的保留量较多，但在贮藏过程中同样易发生氧化，生成醌类化合物，导致色泽变褐。同时这些物质还能与氨基酸类物质进一步反应，促使茶汤滋味劣变。

3．维生素 C 减少

维生素 C 是使茶叶具有营养价值的重要成分，其含量多少与茶叶品质关系密切。维生素 C 也是一种易被氧化的物质。越高级的绿茶，维生素 C 含量越高，也越难以保存。维生素 C 被氧化后生成脱氢维生素 C，它与氨基酸相互作用，生成氨基羰基，它既降低了茶叶营养价值，又使茶叶颜色褐变，并在滋味方面失去鲜爽味。如果绿茶中维生素 C 含量在 80% 以上，绿茶品质不会发生变化，一旦下降到 60% 以下，品质就明显劣变。

4．类脂物质的水解与胡萝卜素的氧化

茶叶中含有约 8% 的脂肪类物质，在贮藏过程中同样会被氧化、水解而成游离脂肪酸、醛类或酮类，进而出现酸臭味。已有研究证明，随着茶叶中的游离脂肪酸含量增加，不仅茶叶香味显陈，茶汤色泽也会加深，导致茶叶商品价值降低。

茶叶中还有一定含量的类胡萝卜素，这是一类黄色素，成分复杂，是光合作用的辅助成分，具有吸收光能的性质，所以易被氧化。氧化后的产物成类似胡萝卜贮藏后产生的气味，使茶汤质变。

5．氨基酸的变化

茶树中氨基酸多集中于嫩梢中，老叶氨基酸含量较低，因此级别愈高的茶叶，氨基酸含量愈多。茶叶在存放期间，氨基酸会与多酚类自动氧化的产物结合生成暗色的聚合物，致使茶叶既失去收敛性，也丧失新茶特有的鲜爽度，变得淡而无回味。红茶贮存中，氨基酸与茶黄素、茶红素作用形成深暗色的高聚合物。同时氨基酸在一定的温度条件下还会氧化、降解和转化，因此茶叶贮存时间越长，其氨基酸含量下降得越多，茶叶也逐渐失去了新鲜感。

6．香气成分的变化

茶叶中的芳香物质是指挥发性的香气成分。茶叶存放时间长，茶叶香气会日渐减低，陈味会日渐突出，尤其是新茶特有的清香会荡然无存。现代科学研究认为，构成绿茶新茶香气特征的主要成分是正壬醛、顺 -3- 己烯酸乙烯酯、吲哚和一些目前未知成分。红茶主要香气成分是顺 - 茉莉酮、β - 紫罗酮、水杨酸甲酯、苯乙醛等。乌龙茶主要香气成分是橙花叔醇、α - 法呢烯、吲哚和顺 -3- 乙酸乙烯酯。这些成分在茶叶贮存过程中随时间延长而明显减少。与此同时，在贮存期间也产生一些新的化合物，经感官审评有明显陈味成分，主要是：1- 戊烯 -3- 醇、顺 -2- 戊烯酸、反 -2- 庚二烯醛、顺 -4- 庚二烯醛和丙醛。除此以外，贮存过程中 β - 紫罗酮、5，6- 环氧 - β - 紫罗酮和二氢海葵内酯等胡萝卜素转化衍生的成分，也有不同程度的增加。

二、影响茶叶品质的环境条件

茶叶中化学成分的变化受外界环境因素的制约。引起茶叶陈化劣变的外部主要条件是水分、氧气、温度和光线。在诸多因素中，茶叶水分（空气湿度和茶叶自身的含水量）是导致茶叶陈化变质的主要原因，温度、氧气起加速或延缓陈化变质的作用。

1．水分

茶叶是一种干燥的农产品。当茶叶中的含水量在 3% 左右时，可以有效地阻止脂质的氧化变质，但当茶叶水量超过一定数量后，情况大变。当茶叶水分含量超过 6%，或外界大气相对湿度高于 60% 时，茶叶中的化学变化会十分激烈，如叶绿素变性、分解，茶叶色泽变褐、变深；茶多酚、氨基酸等呈味物质迅速减少；组成新茶香气的二甲硫、苯乙醇等芳香物质锐减，而对香气不利的挥发性成分大量增加，导致茶叶品质变劣。因此，成品茶的含水量必须控制在 6% 以下，超过此限度则要复火烘干才能保存。

2．温度

温度是决定茶叶成分发生化学变化速度的重要因素。温度越高，陈化越快。实验证明，茶叶在贮藏过程中，在一定范围内温度每升高 10℃，茶叶褐变速度加快 3 ～ 5 倍。茶叶在 10℃以下贮藏，可抑制茶叶褐变；在 - 20℃条件下冷藏，几乎可以长期防止茶叶陈化与变质。不同温度条件下，藏 8 个月的绿茶，其维生素 C 的保留量相差很大。

同样，在较高温度下贮存红茶，一些未氧化的黄烷醇的酶促氧化和自动氧化。使茶黄素和茶红素进一步氧化，聚合速度加快，从而使新茶陈化，品质下降。

3．氧气

大多数物质发生化学变化都是在氧气参与条件下进行的。茶叶贮藏包装不当，有氧气加入，会加快茶叶中易氧化物的氧化速度。如儿茶素的自动氧化，维生素 C 的氧化，茶多酚残留酶催化的茶多酚氧化，茶黄素、茶红素的进一步氧化聚合，以及脂类氧化产生陈味物质，都是在氧气的参与和作用下发生的。

4．光线

光的本质是一种能量。茶叶在光线的照射下，各种化学反应会加速进行。如使叶绿素有色物质分解褪色，有些成分还会发生光化学反应而生成不良气味，如日晒味。研究表明，茶叶贮藏过程中，受光与不受光相比较，茶叶中的 1- 戊烯 -3- 醇、戊醇、辛烯醇、庚二烯醛、辛醇及四种未知成分明显增多。这些成分中除通常因变质增加的成分外，戊醇、辛烯醇及三种未知成分被认为是光照所特有的陈味特征成分。

【任务实施】

1. 任务描述

根据茶叶变质的内因、外因分析所给茶样。

2. 操作条件

（1）准备工作：样茶盘、评茶杯碗、叶底盘、茶匙、天平、定时钟、烧水壶、标签号。

（2）茶样：具有代表性的变质绿茶、红茶、乌龙茶茶样各 2 款。

3. 职业规范及注意事项

审评术语规范；

审评操作过程规范。

图 7-1-1　茶叶审评准备

4. 任务操作过程

（1）带领学生回忆六大茶类典型品质特征，组织学生观看影响茶叶变质的因素微课视频，完成以下表格，见表 7-1-1。

表 7-1-1　影响茶叶品质的内因、外因

茶叶	茶叶色泽	干茶香	茶汤汤色	茶汤滋味	造成变质原因
绿茶 1					
绿茶 2					
乌龙茶 1					
乌龙茶 2					
红茶 1					
红茶 2					

（2）任务分组

准备变质绿茶、红茶、乌龙茶茶样各 2 款，共 6 款，分成 4 组，每组成员 4～6 人。每组完成 6 款茶的感官审评，通过观察样茶盘里 6 款茶叶的茶叶色泽、香气、干湿度，并运用审评基础知识开汤审评内质，完成以下表格并记录茶的品质特征，见表 7-1-2。

步骤：

第一步，备具：样茶盘、评茶杯碗、叶底盘、茶匙、天平、定时钟、烧水壶等。

第二步，备样：具有代表性的变质绿茶、红茶、乌龙茶茶样各 2 款。

第三步，把盘评外形，计分。

第四步，扦样。

第五步，开汤评内质汤色、香气、滋味、叶底，并计分。

第六步，评价。

第七步，收样、收具。

表 7-1-2　茶叶质量感官审评记录表

茶品名：　　　　　　　记录者编号　　　　　　　年　　月　　日

		外形				内质			
		形状	色泽	整碎	净度	香气	汤色	滋味	叶底
A	评语								
	评分								
B	评语								
	评分								
C	评语								
	评分								
D	评语								
	评分								

【评价反馈】

1．成果展示。每个小组选择代表展示学习成果，对比其他组同学的审评结果发现缺漏，进行审评复盘。

2．针对每位同学的学习成果，完成以下评价表，见表 7-1-3。

表 7-1-3 评价表

序号	评价内容	评价标准	个人自评	教师评价	评价结果
1	分辨绿茶茶样品质变化要点	能够根据茶样特点说出茶样品质变化之处，并指出原因			
2	分辨红茶茶样品质变化要点	能够根据茶样特点说出茶样品质变化之处，并指出原因			
3	分辨乌龙茶茶样品质变化要点	能够根据茶样特点说出茶样品质变化之处，并指出原因			

【理论测验】

1. 影响茶叶品质变化的外因有______、______、氧气及______。
2. 影响干茶色泽变化的内部因素是______，它会加速茶叶______变。
3. 温度不当会造成茶叶______、______的变化。

【拓展训练】

茶叶变质的影响因素很多，针对这些影响因素，我们应该如何保护茶品？

解决途径：防潮、避光、控温，部分茶类需要真空包装。

任务二 按照贮藏茶叶的基本要求正确贮藏茶叶

基本知识

茶叶是季节性产品，一般产茶季节在每年的 3 ～ 9 月，而消费者购买茶叶却没有固定的季节。因此，为了满足四季皆可饮茶的需求，我们应按照茶叶特性进行存储与保管。

在影响茶叶品质的环境条件中，温度、湿度、氧气、光线等环境条件会影响茶叶质变的速度，同时茶叶是疏松多孔物质，极易吸潮、吸附异味，故贮藏茶叶的基本要求是严格防止茶叶吸附异味，并在干燥、低温、含氧量少、避光处贮藏。茶叶贮藏的最佳条件是：

茶叶的贮藏方法

（1）低温。实验结果表明，温度每升高 10℃，茶叶的褐变速度增加 3 ～ 5 倍；低温可以减缓茶叶变质的速度。经验表明，茶叶贮藏温度一般应控制在 5℃以下，最好是在 - 10℃的冷库或冷柜中贮藏，在 - 20℃以下贮存几乎能完全防止茶叶变质。因此，有条件用冷藏方法贮藏茶叶实为良策。

（2）干燥。贮藏茶叶的环境应该干燥，最好相对湿度能控制在 20% 以下，使茶叶含水量始终低于 6%。相对湿度若能控制得更低则效果更好。另外，研究表明，当茶叶水分含量在 3% 时，茶叶成分与水分子几乎呈现单分子关系，可以较好地阻止脂质的氧化变质。茶叶包装前含水量不宜超过 6%。当含水量超过 6% 时，很难保持茶叶的新鲜风味。因此，贮藏环境保持干燥十分重要。

（3）密封。空气中约含有 20% 的氧气。氧气会使茶叶中的化学成分如脂类、茶多酚、维生素 C 等氧化，使茶叶变质。因此，隔绝氧是延长茶叶保鲜期的关键一步。

（4）避光。光能引起茶叶中叶绿素及类脂物质的氧化，即使在低温及无氧条件下，一旦受到强光照射，茶叶仍会变色。光还能使茶叶出现“日晒味”，导致茶叶香气降低。

（5）清洁。茶是吸附力很强的食品，应该防止外来物质的影响。茶叶很容易吸收环境中的异味，包括茶叶的包装袋、盒等容器的气味。因此，保管时应选择无异味、符合食品安全标准的包装，并置放于无杂味的环境中。

【任务实施】

1．任务描述

在琳琅满目的设备及存储器具中，找出与茶叶贮藏的最佳条件相对应的设备器具。

2．操作条件

准备工作：塑料袋、透明自封袋、锡箔自封袋、温度计、湿度计、加湿器、抽风机、铁罐、锡罐、陶罐、纸盒、封口机、封口胶、牛皮纸、蜡烛、竹筐、竹篓、冰箱、空调等物品或代牌各 5 件。

3．职业规范及注意事项

对选择的设备器具在存储茶叶的过程中所发挥作用描述规范。

4．任务操作过程

（1）组织学生观看茶叶的贮藏方法微课视频，完成以下表格，见表 7-2-1。

表 7-2-1 茶叶贮藏要求

茶类	贮藏要求
绿茶	
黄茶	
黑茶	
白茶	
青茶	
红茶	

（2）根据各类茶叶的贮藏要求，选择合适的设备器具，见表 7-2-2。

表 7-2-2 茶类贮藏设备器具

茶类	设备器具	器具特点
绿茶		
黄茶		
黑茶		
白茶		
青茶		
红茶		

【评价反馈】

成果展示，每个小组选择代表展示学习成果，由其他同学提出改进建议。

【理论测验】

请大家依靠网络，发现更多更好的贮藏茶叶的设备器具，与同学分享。

【拓展训练】

中国是茶的故乡。中华民族是发现、栽培茶树，加工、利用茶叶最早的国家。悠久的产茶历史，辽阔的茶区，优越的自然条件，精湛的采制技术，形成了源远流长、琳琅满目、千姿百态的中国名茶。但是，贮藏不当，好茶也会一文不值。当我们面对一款茶品时，第一时间该如何选择贮藏它的器具？

解决途径：可以试图从茶叶的特征去考虑，包括色泽、香气、条索的需求。

任务三 掌握常用的实用茶叶贮藏法

基本知识

一、实用茶叶贮藏法

正确地贮藏茶叶，可以把影响茶叶的外部作用减至最小，从而最大程度地使茶叶保鲜。茶叶贮存分为生产、营销部门的大批量贮存和家庭的少量茶叶保存两种，其用材和方法不尽相同。

1．大批量茶的贮存

生产或销售部门贮存茶叶，因数量比较大，故宜采用低温、低湿、封闭式的冷库贮藏，其保鲜效果好且比较经济。一般库房要求温度不超过 5℃，湿度控制在 60% 以下。建造一座容积为 $180m^3$ 的冷库，可贮放茶叶 1.5 万 kg。茶叶经 8 个月贮藏，品质基本不变。

2．少量茶的贮藏

选购的茶叶不论是散装的还是有包装的，启封后一时用不完的，都应立即重新包装贮藏，才能保持茶叶原有的品质。茶叶的表面疏松多孔，极易吸收潮气和异味（茶叶中的萜烯类物质最易吸收异味），因此，少量茶叶的贮存也应尽力做到防潮与无异味。

3．低温储藏法

利用冷藏室（室内要有防潮装置）或冰箱贮藏。可将茶叶密封包装后，放入冰箱冷藏柜，最好单独为茶叶准备一个保鲜柜，如需与其他食物共同冷藏（冻），茶叶应妥善包装，完全密封以免吸附异味。通常贮存期在 6 个月以内的，冷藏温度应维持在 0 ～ 5℃；贮存期超过半年的，温度控制在 -18 ～ 10℃为佳。

4．抽气真空贮藏法

这是近年来名茶贮藏的主要方法。事先购买一台小型家用真空抽气机和一些镀铝复合袋（250g 或 500g），将新购的茶叶分装入复合袋内，抽气后封口，然后再装入纸箱，用一袋开一袋。这样的贮藏方法适合茶艺馆。操作得当，有效保存期为两年，如果抽真空后冷藏，可保存两年以上。

5．密封贮藏法

如果没有真空抽气机，可购买一台小型手动封口机，用镀铝复合袋或双层塑料袋装好茶叶后即封口。茶叶水分在4%以下时可存放一年。若封口后放在家庭冰箱的冷藏室内，即使放上一年，茶叶仍然芳香如初，色泽如新。

6．干燥剂保管法

用生石灰或目前市场上出售的高级干燥剂（硅胶）来吸收茶叶中的水分，使茶叶充分保持干燥，效果较好。新茶贮藏一个月后换一次干燥剂，以后每两三个月换一次。这样即使经过较长的时间，也能保持茶叶品质。

7．罐贮法

此法是采用目前市售的各种专用茶叶纸罐、瓷罐、铁罐等来放置茶叶。另外，放置过其他食品的马口铁罐，清洗干净并去除异味后也可用来装茶。装茶时最好先内套一个极薄的塑料袋。每罐中可放入1～2小包干燥的硅胶，装好后加盖密封，贴上标签，注明品种、生产日期（或采购日期），存放于阴凉避光处。

二、不同茶叶品类的贮藏方式

1．绿茶

绿茶非常容易变质，也极易失去色泽及特有的香气。家庭贮藏名优绿茶可采用生石灰或干燥硅胶吸湿，包装好后置于冰箱冷藏或茶叶罐中常温保管。

2．茉莉花茶

茉莉花茶是绿茶的再加工茶，其含水量高，易变质，保管时应注意防潮，尽量存放于阴凉、干燥、无异味的环境中。

3．青茶

青茶属于半发酵茶，轻发酵的青茶储存可像绿茶一样注意防晒、防潮、防异味。重发酵的青茶比绿茶耐存，不放在冰柜的话，绿茶通常只能保质1年，而重发酵青茶可保存2～3年或更长时间。

4．红茶

相对于绿茶和青茶来说，红茶陈化变质较慢，较易贮藏。避开光照、高温及有异味的物品，就可以保存较长时间。

5．黑茶

如果保存得当，在一定时间内黑茶通常是越久越醇，价值越高。如果茶叶数量较多，可采用“陶缸堆陈法”，即将老茶、新茶掺杂置入广口陶缸内，以利陈化；如果是即将饮用的茶饼或茶砖，可将其整片拆为散茶，放入陶罐中（勿选不透气的金属罐），静置半月后即可取用。

【任务实施】

1. 任务描述

根据所给贮藏器具中的茶样状态，分析所选贮藏方法是否合适。

2. 操作条件

（1）准备工作：样茶盘、评茶杯碗、叶底盘、茶匙、天平、定时钟、烧水壶、标签号。

（2）茶样：置于贮藏器具中的绿茶、红茶、乌龙茶茶样各 2 款。

3. 职业规范及注意事项

（1）审评术语规范；

（2）审评操作过程规范。

4. 任务操作过程

（1）观察贮藏器具状态及完整程度。

（2）按照不同器具开启要求启封设备器具。

（3）根据贮藏茶叶的四要素，完成以下表格，见表 7-3-1。

表 7-3-1 造成茶叶变质原因

茶叶	茶叶色泽	干茶香	茶汤汤色	茶汤滋味	造成变质原因
绿茶 1					
绿茶 2					
乌龙茶 1					
乌龙茶 2					
红茶 1					
红茶 2					

【评价反馈】

成果展示。每个小组展示学习成果，由其他同学进行评价。

【理论测验】

结合茶产品包装设计，分析现有茶叶包装的利弊，进一步分析茶叶营销店铺在更好地贮藏与展示之间如何维持平衡？课程结束时，提交分析报告。

【拓展训练】

生活中，很多人因使用了不合适的贮藏方式破坏了茶品的质量，请大家带着怀疑的目光，去发现更多的贮藏问题吧。

解决途径：贮藏要保叶形、保色泽、保香气、保滋味，好的贮藏方式甚至可以增色增味。

项目八

茶叶精深加工

思维导图

项目八　茶叶精深加工

- 任务一　茶叶精深加工产品的物质基础
- 任务二　茶叶精深加工产品的工艺技术

学习目标

知识目标：掌握茶叶精深加工原料来源及物质基础；掌握茶叶精深加工产品的类型及加工技术。

技能目标：针对特定茶产品能选择合适的原料；针对特定茶产品能了解其所含的功能性成分及其理化性质；能区分茶叶精深加工的工艺技术。

素养目标：培养较强的团队协作能力和创新能力；培养良好的口头表达能力和人际沟通能力；培养对行业发展敏锐的感知力和质量标准意识；培养良好的职业道德和较强的环境保护意识。

任务一　茶叶精深加工产品的物质基础

基本知识

一、茶叶精深加工的原料选择

随着茶叶精深加工技术的发展，不仅成品茶可以作为原料，茶鲜叶、茶树花、茶籽都有广泛的利用价值。

茶树芽叶可用来加工为传统六大茶类，制作超微茶粉，也可作为茶叶精深加工的原料。例如，速溶红茶加工中即可利用茶鲜叶通过转化技术模拟传统红茶发酵，生产出具有红茶品质特征的速溶红茶粉。茶树花中的功能性成分被提取后可用来加工香精油、化妆品、食品等；茶籽中提取的茶皂素可加工成植物油；茶皂素还可用来加工成植物源农药、洗涤用品；茶籽饼粕、废茶渣和茶末可以加工成饲料或兽药；另外，修剪掉的茶枝叶和中低档茶可以通过提取其功能性成分进行进一步的开发和利用。

在茶叶精深加工中，可以作为原料的包括茶鲜叶、茶花、茶籽、成品茶等，同时精深加工产品本身也可作为其他产品生产的原料，如茶浓缩汁、超微茶粉，它们本身是精深加工产品，同时也可作为生产茶饮料、茶食品、茶日化用品的原料。

图 8-1-1　绿茶茶粉

总之，茶叶精深加工中所用的各种原

料包括：

（1）茶鲜叶。随着茶叶深加工技术的发展，茶树鲜叶可直接作为原料加工鲜茶汁饮料、生产速溶茶等。

（2）茶制品，包括六大基本茶类和再加工茶类。

（3）茶在制品，即各类茶叶加工过程中的茶。

（4）茶功能成分提取物，即通过提取、分离、纯化等技术，从茶叶及其副产品中获得的高纯度的儿茶素、茶氨酸、茶黄素等成分。

（5）速溶茶是一种能迅速溶解于水的固体饮料茶。

（6）茶浓缩液是以成品茶、半成品茶或茶鲜叶为主要原料，经提取、分离、浓缩而成的液体产品。

（7）超微茶粉是指茶树鲜叶经过特殊工艺加工而成的可以直接食用的超细颗粒茶粉。

（8）茶籽即茶树的种子，除播种繁育外，主要用于榨油和提取茶皂素。

（9）茶树花是茶树的生殖器官，含有多种营养和功能性成分。

二、茶叶精深加工的物质基础

无论哪种产品，都离不开共同的物质基础：茶功能性成分。越来越多的研究发现，不同茶类中所含功能性成分对人有多种保健功效，包括提神醒脑、清热降火、助消化、降血脂、减肥等。随着现代科学技术的发展，茶所含的茶多酚、生物碱、茶多糖、芳香物质、维生素、茶氨酸等功能成分被分离、鉴定，茶的保健功能及其作用机理不断被现代科技所证实，茶将成为21世纪较具潜力的健康饮品。下面主要介绍茶叶中所含的功能性成分及其理化性质，此内容的学习将有助于理解后续产品加工中的注意事项和技术要点。

（一）茶多酚及其氧化产物

1．茶多酚

茶多酚是茶叶中所有多酚类物质及其衍生物的总称。茶鲜叶中茶多酚含量一般为18%～36%（干重），主要集中在茶树新梢生长旺盛的部位，嫩芽叶中含量最高。茶树新梢中茶多酚主要由儿茶素类（占茶多酚总量的70%以上）、黄酮及黄酮苷类、花青素及花白素类、酚酸及缩酚酸类组成。除酚酸及缩酚酸外，均具有2-苯基苯并吡喃为主体的结构，统称为类黄酮物质。

因茶多酚分子中存在多个酚性羟基，易氧化聚合。茶多酚在酸性环境中较稳定，但在碱性、光照、潮湿条件下易氧化聚合形成有色物质。

（1）儿茶素类。茶叶中的儿茶素类属于黄烷醇类化合物，是茶多酚类物质的主体成分，主要包括顺式儿茶素即表儿茶素（EC）、表没食子儿茶素（EGC）、表儿茶素没食子酸酯（ECG）、表没食子儿茶素没食子酸酯（EGCG）等。

理化性质：白色固体，亲水性强，易溶于热水、含水乙醇、乙酸乙酯、冰醋酸等溶剂，难溶于氯仿、石油醚等溶剂；与多数金属离子反应生成沉淀，如 Ag^{+}、Cu^{2+}、Fe^{3+} 及 Ca^{2+} 等与酚类络合的金属离子。因存在多个酚性羟基，在红茶制造中，会氧化缩合成茶黄素、茶红素等物质；茶黄素和茶红素是红茶品质的关键因子。在光、高温、碱性或氧化酶等作用下，儿茶素易氧化、聚合、缩合，在空气中可自动氧化为黄棕色物质。

（2）黄酮及黄酮苷类。茶树体内的黄酮类化合物又称为花黄素，是广泛存在于自然界的一类黄色色素。在茶鲜叶中的含量占干物质的 3% ～ 4%，春茶高于夏茶。茶叶中的黄酮醇多与糖结合形成黄酮苷类物质，黄酮及黄酮醇一般都难溶于水，而黄酮苷类在水中的溶解度比苷元大，其水溶液呈黄绿色，是绿茶汤色的重要成分物质。

理化性质：多为亮黄色结晶；黄酮及黄酮醇一般都难溶于水，较易溶于有机溶剂，如甲醇、乙醇、冰醋酸、乙酸乙酯等，黄酮苷在水中的溶解度比苷元大。在制茶过程中，黄酮苷在热和酶的作用下发生水解，生成黄酮或黄酮醇，降低苷类物质的苦味。

（3）花青素及花白素类。花青素又称为花色素，是一类性质较稳定的色原烯衍生物，水溶性色素。一般茶叶中花青素占干物重的 0.01% 左右，而在紫芽茶中则可达 0.5% ～ 1.0%。花青素滋味苦涩，含量高对茶叶滋味影响很大。

花白素类又称为“隐色花青素”，在红茶发酵中花白素可完全氧化成为有色氧化产物。

（4）酚酸及缩酚酸类。酚酸是一类分子中具有羧基和羟基的芳香族化合物，而缩酚酸由酚酸上的羧基与另一分子酚酸上的羟基相互作用缩合而成。酚酸和缩酚酸类物质易溶于水，约占茶鲜叶干重的 5%。

理化性质：茶叶中的酚酸类多为白色结晶，易溶于水和乙醇。

2．茶色素

茶色素是指从茶叶中提取的一类水溶性色素，主要是由多酚类物质氧化聚合而形成的茶黄素、茶红素和茶褐素等色素。它们既是红茶风味品质的关键因子，也是红茶中重要的功能性成分，且具有与茶多酚物质类似的抗氧化、抗癌、抑菌等生物活性。

（1）茶黄素类（TFs）。茶黄素类是红茶中色泽橙黄、具有收敛性的一类水溶性色素。红茶中茶黄素含量占固形物的 1% ～ 5%，是红茶滋味强度和鲜度的重要成分，也是形成茶汤“金圈”和量“亮”的主要物质。

理化性质：茶黄素粉末色泽金黄、滋味辛辣，具有强收敛性，易溶于热水、乙酸乙酯、乙醇、正丁醇、丙酮等，不溶于氯仿，难溶于乙醚。茶黄素水溶液呈弱酸性，在碱性溶液中有进一步氧化倾向，且随 pH 升高自动氧化速度加快，在茶汤中易与咖啡碱等物质络合产生“冷后浑”。

（2）茶红素类（TRs）。茶红素类是一类复杂的红褐色酚性氧化物，是茶黄素类进一步氧化产物，是红茶氧化产物中最多的一类物质（占红茶干重的 6% ～ 15%），是红茶茶汤色泽的主体物质。

理化性质：茶红素粉末呈棕红色，收敛性较茶黄素类弱，易溶于水和正丁醇，部分茶红素能溶于乙酸乙酯，水溶液呈酸性，深红色，刺激性较弱，是构成红茶汤色和滋味的主体物质。茶红素参与红茶“冷后浑”的形成，还能与碱性蛋白质结合生成沉淀物存于叶底，从而影响红茶的叶底色泽。

冷后浑：茶多酚及其氧化产物茶黄素、茶红素跟化学性质比较稳定而略带苦味的咖啡碱反应生成的络合物，高温时呈游离状态，随着温度的降低，氢键的缔合作用不断加大，表现出胶体特性，使茶汤由清转浑，并逐渐产生凝聚作用，出现“冷后浑”的现象。

（3）茶褐素类（TBs）。茶褐素是一类水溶性褐色物质，由茶黄素和茶红素进一步氧化聚合而成，含量占红茶干物质的 4% ～ 9%。

理化性质：茶褐素粉末呈深褐色，溶于水，不溶于乙醇、乙酸乙酯和正丁醇。茶褐素类物质是导致红茶茶汤发暗、无收敛性的重要因子，其含量与红茶品质呈负相关。红茶加工过程中如果萎凋时间过长、长时间高温缺氧发酵，都会导致茶褐素的积累。另外，红茶储藏过程中，茶黄素和茶红素也会进一步氧化聚合成茶褐素。

（二）咖啡碱

除种子外，咖啡碱存在于茶树各个部位，以新梢嫩芽叶含量最多。咖啡碱占茶叶干重的 2% ～ 4%，味苦，冲泡时 80% 以上可溶于水中，是茶汤主要苦味成分。茶汤中氨基酸含量的增加对咖啡碱的苦味有消减作用。红茶茶汤中，咖啡碱与茶黄素以氢键缔合后形成的复合物具有鲜爽味，可提高茶汤的鲜爽度。

理化性质：白色针状结晶体，失去结晶水后呈白色粉末。无臭，味苦。咖啡碱对人体有一定的兴奋作用，具有一定的药理功能。

（三）茶氨酸

茶氨酸是茶树体内特有的氨基酸，水溶液具有焦糖味和类似味精的鲜爽滋味。

理化性质：极易溶于水，茶汤中的浸出率可达 80%，对绿茶的滋味具有重要作用，能缓解茶汤的苦涩味，增强甜度，还是形成茶叶香气的重要成分。茶氨酸有改善睡眠、增强记忆力、降血压、镇定安神等功效。

（四）茶多糖

茶多糖是一类与蛋白质结合的酸性多糖或酸性糖蛋白。一般茶叶越老，茶多糖的含量越高，因此乌龙茶茶多糖的含量高于绿茶、红茶。

理化性质：水溶性多糖，易溶于热水，但不溶于高浓度的乙醇、丙酮、乙酸乙酯等有机溶剂。茶多糖稳定性差，高温、过酸或碱性条件下，茶多糖都会降解。茶多糖具有降血糖、降血脂、抗氧化、增强抵抗力等功效。

（五）茶膳食纤维

茶膳食纤维主要由纤维素、半纤维素、果胶类物质等组成。一般茶膳食纤维含量约占茶叶干重的15%，砖茶中可高达38%。

茶水溶性膳食纤维主要指果胶类物质，虽然不能被人体吸收，但能刺激胃肠蠕动，帮助消化，减少有毒或有害物质的，具有特殊的生理保健功能。在边疆少数民族同胞看来，“宁可一日无食，不可一日无茶”和“一日无茶则滞，三日无茶则病”，茶是他们生活的必需品。边疆人民的饮食多以肉类、奶制品为主，缺少维生素和膳食纤维的摄入，喝茶可以帮助消化、去油解腻、补充维生素和微量元素，保持身体健康。

（六）茶皂素

茶皂素又称为“茶皂甙”，其基本结构是由皂苷元、苷类和有机酸三部分组成。茶皂素在皂苷元的基础上，通过连接不同的糖链和有机酸，形成了逾百种不同结构。茶皂素在山茶科山茶属植物的根、茎、叶、花、果实中均有分布。茶籽中皂素类物质含量丰富。

茶皂素味苦而辛辣，是一种性能良好的天然表面活性剂，具有溶血、解毒、抗渗消炎、抗菌、杀虫、驱虫等生物活性，显示出广阔的应用前景。

【任务实施】

选择几种茶功能性成分提取物进行感官品鉴，并完成任务记录单（表8-1-1）。

表8-1-1　任务记录单

茶功能性成分提取物性状描述					
样品名称	茶多酚	茶氨酸	茶黄素	（自选）	（自选）
外形					
滋味					
汤色					

续表

对比不同酚氨比的滋味差异	
酚氨比	感官评价
总结与反思	

注：选择几种茶功能性成分提取物进行感官品鉴，有助于理解其理化性质，所选样品应符合相关食品安全国家标准或行业标准，如《茶制品第 2 部分：茶多酚》（GB/T 31740.2—2015）、《L- 茶氨酸》（QB/T 4263—2011）、《茶制品第 3 部分：茶黄素》（GB/T 31740.3—2015）等。感官品鉴前注意稀释适当的倍数。

【评价反馈】

1. 结合任务书的导入问题，以小组为单位相互讨论、交流心得，并在课堂互动环节回答相关问题。

2. 根据小组合作交流的情况，结合参与度（10%）、团队合作（20%）、任务完成情况（40%）、组长评分（20%）、组员评分（10%）等多方面综合考虑完成你的组内评价评语（表 8-1-2）、组间评分（表 8-1-3）及平日表现测评（表 8-1-4）。

表 8-1-2　组内评分表

职务	姓名	评语	评分（总分 100 分）
自我评价			
组长			
组员 1			
组员 2			
组员 3			
组员 4			

教师检测从以下几个方面记录各组的课堂情况。

表 8-1-3　组间评分表

组别	1组	2组	3组	4组	5组
出勤情况					
课堂表现					
任务完成情况					

表 8-1-4　平时成绩评分表

项目测验（40%）	包括任务单完成情况和项目测验成绩
小组检测（30%）	参与度（10%）、团队合作（20%）、任务完成情况（40%）、组长评分（20%）、组员评分（10%）
教师检测（30%）	以小组为单位依据出勤情况、课堂表现和任务完成情况给予相应的评分，进而培养学生相互监督、互帮互助的集体精神
总分（100分）	

【理论测验】

1．将下列哪些茶资源进行深加工和综合利用，可以变废为宝，提高茶产品的附加值？（　　）

A．滞销积压的中、低档茶　　B．粗老的鲜叶、修剪的枝叶

C．幼嫩的新梢加工茶叶　　D．茶灰、茶末、茶梗等副产品

2．茶叶中的功能性成分包括（　　）等。

A．茶多酚　　B．茶氨酸　　C.茶多糖　　D．茶色素

3．茶多酚主要由下列哪几类物质组成？（　　）

A．儿茶素类　　B．黄酮及黄酮苷类

C．花青素及花白素类　　D．酚酸及缩酚酸类

4．茶色素是指从茶叶中提取的一类水溶性色素，主要是由多酚类物质氧化聚合而形成。下列属于茶色素的有（　　）。

A．茶黄素　　B．茶红素　　C．茶褐素　　D．儿茶素

任务二　茶叶精深加工产品的工艺技术

基本知识

一、茶叶精深加工的技术方法

开发任何一种茶叶精深加工产品，均离不开技术支撑，茶叶精深加工技术包括功能性成分提取制备技术和干燥、浓缩、超微粉碎技术等。加工技术直接影响着我国茶叶精深加工行业的发展。

茶叶精深加工技术根据机械原理和产品特点可分为以下几类：

（1）茶叶机械加工，是指通过粉碎、拼配、包装等方式改变茶叶的颗粒大小或调节品质的加工。特点：便于贮藏、冲泡，如超微茶粉和袋泡茶。

（2）茶叶物理加工，是指采用浸提、过滤、浓缩等方法改变茶叶的外在形态而不改变茶的内质的加工。特点：便于干茶的运输、贮藏和饮用，如速溶茶、罐装茶、茶浸膏、泡沫茶及茶浸出物等。

（3）茶叶化学、生物化学加工，是指采用化学或生物化学的方法，以茶鲜叶或成品茶等为原料的加工。特点：从茶叶中分离、纯化出其功能性成分，如茶多酚、茶色素、茶氨酸、茶多糖、茶皂素、咖啡碱等功能性提取物。

（4）茶叶综合加工技术，是指综合上述各项技术制成含茶新产品的加工。特点：茶及茶提取物作为制品的重要组成部分，与其他组分优化配比，以提高制品的口感、质地或药理功能，如茶食品、茶饮料、茶药品、茶日化产品等。

二、茶叶精深加工的产品种类

我国茶叶分类一般分为六大基本茶类和再加工茶类。六大基本茶类包括：绿茶、红茶、乌龙茶、白茶、黄茶和黑茶。再加工茶类包括：花茶、紧压茶、萃取茶、果味茶、药用保健茶和含茶饮料。

图 8-2-1　含茶饮料

图 8-2-2　茶叶与葡萄共同发酵酿造的茶葡萄酒

随着茶叶精深加工技术的不断发展，茶叶精深加工产品种类越来越丰富，可分为袋泡茶、速溶茶、超微茶粉、茶食品、茶酒、茶日化用品和茶功能成分产品等。

【任务实施】

选择几种茶叶精深加工产品类型，分析其所用原料、工艺技术及产品特点，并完成任务记录单（表 8-2-1）。

表 8-2-1　任务记录单

茶叶精深加工产品初识				
茶叶精深加工产品种类	产品名称	所用原料	工艺技术	产品特点
超微茶粉				
速溶茶				
茶饮料				
茶食品				
茶日化用品				
（自选）				
（自选）				
（自选）				

续表

正确理解茶叶精深加工与综合利用的内涵	
问题引导	结合上下文学习内容，思考并回答以下问题： 问题 1：茶叶精深加工与茶叶初制的区别是什么？ 问题 2：饮茶有哪些保健功能？为什么？
问题回答	
总结与反思	

【评价反馈】

1. 结合任务书的导入问题，以小组为单位相互讨论、交流心得，并在课堂互动环节回答相关问题。

2. 根据小组合作交流的情况，结合参与度（10%）、团队合作（20%）、任务完成情况（40%）、组长评分（20%）、组员评分（10%）等多方面综合考虑完成你的组内评价评语（表 8-2-2）、组间评分（表 8-2-3）及平日表现测评（表 8-2-4）。

表 8-2-2 组内评分表

职务	姓名	评语	评分（总分 100 分）
自我评价			
组长			
组员 1			
组员 2			
组员 3			
组员 4			
组员 5			

教师检测从以下几个方面记录各组的课堂情况。

表 8-2-3　组间评分表

组别	1 组	2 组	3 组	4 组	5 组
出勤情况 ·					
课堂表现					
任务完成					

表 8-2-4　平时成绩评分表

项目测验（40%）	包括任务单完成情况和项目测验成绩
小组检测（30%）	参与度（10%）、团队合作（20%）、任务完成情况（40%）、组长评分（20%）、组员评分（10%）
教师检测（30%）	以小组为单位依据出勤情况、课堂表现和任务完成情况给予相应的评分，进而培养学生相互监督、互帮互助的集体精神
总分（100 分）	

【理论测验】

判断题

1. 茶叶中水溶性果胶的含量随茶新梢成熟度提高而升高。（　　）

2. 茶叶的干茶色泽和叶底的颜色与水溶性色素叶绿素和类胡萝卜素关系密切。（　　）

3. 茶多酚主要集中在茶树新梢生长旺盛的部位，嫩芽叶中含量最高。（　　）

4．茶多酚分子中存在多个酚性羟基，在碱性、光照、潮湿条件下易氧化聚合形成有色物质。（　　）

5．茶红素粉末呈棕红色，收敛性较茶黄素类强，易溶于水，深红色，是构成红茶汤色和滋味的主体物质。（　　）

图书在版编目（CIP）数据

茶叶知识与实践 / 刘迪，蒋琴杰，刘萍萍主编. 北京 : 旅游教育出版社，2025. 9. -- (茶艺与茶文化专业系列教材). -- ISBN 978-7-5637-4874-7

Ⅰ. TS272.5

中国国家版本馆 CIP 数据核字第 20251NJ342 号

茶艺与茶文化专业系列教材

茶叶知识与实践

刘 迪 蒋琴杰 刘萍萍 主 编

陈恩海 安丰轩 盛成旺 副主编

总 策 划	丁海秀
执行策划	赖春梅
责任编辑	赖春梅
出版单位	旅游教育出版社
地 址	北京市朝阳区定福庄南里 1 号
邮 编	100024
发行电话	（010）65778403 65728372 65767462（传真）
本社网址	www.tepcb.com
E - mail	tepfx@163.com
排版单位	北京鸿文瀚海有限公司
印刷单位	天津雅泽印刷有限公司
经销单位	新华书店
开 本	710毫米×1000毫米 1/16
印 张	13.75
字 数	215 千字
版 次	2025 年 9 月第 1 版
印 次	2025 年 9 月第 1 次印刷
定 价	66.00 元

（图书如有装订差错请与发行部联系）